Rechnet sich mein Betrieb in der EU?

RECHNET SICH MEIN BETRIEB IN DER EU?

Dr. Anton Pickl

AV RATGEBER

Gestaltung und Umbruch: Type & Publish KEG, A-2351 Wiener Neudorf
Druck und Bindung: Druckerei Theiss, 9400 Wolfsberg
Printed in Austria
ISBN 3-7040-1316-1

INHALT

Vorwort

Auf die österreichischen Bauern kam mit dem dem EU-Beitritt die größte agrarwirtschaftliche Herausforderung seit dem zweiten Weltkrieg zu. Die Anpassungserfordernisse sind beträchtlich, weil sich die agrarpolitischen Rahmenbedingungen nicht nur graduell sondern auch vom Konzept und von den Trägerschaften her änderten.
Ein neues System muß erfaßt, gelernt und daran angepaßt gewirtschaftet werden. Jeder Umstellungsprozeß größeren Ausmaßes ist durch Änderungsvielfalt und durch eine große Flut an Information gekennzeichnet. Diese verunsichern wegen ihrer Unübersichtlichkeit und Undurchschaubarkeit.
Das vorliegende Buch ist als einfacher, Überblick verschaffender Ratgeber und Anreger für die bäuerliche Familie konzipiert.

Inhalt und Aufbau:

- Der Inhalt baut zunächst auf einer Kurzbeschreibung der neuen agrarpolitischen Rahmenbedingungen und ihrer Prinzipien auf.
- Daran schließt ein analytischer Teil, in dem die agrarwirtschaftlichen Auswirkungen auf die Landwirtschaft als Ganzes und auf die Einzelbetriebe behandelt werden.
- Den Hauptteil bildet das Maßnahmenkapitel, in dem verschiedene Anpassungserfordernisse und -möglichkeiten behandelt werden.
- Der Schwerpunkt liegt dabei auf dem neu formierten Förderungsangebot.
- Ein Sachregister und Literaturverweise schließen das Buch ab.

Ich danke besonders:

- Der Landwirtschaftskammer Steiermark. Der in diesem Ratgeber verarbeitete Inhalt basiert auf den Informationen aus meiner beruflichen Haupttätigkeit in der Landwirtschaftkammer Steiermark;
- der Kollegenschaft im Beratungs-, Förderungsdienst und Öffentlichkeitsarbeit der Landwirtschaftskammer Steiermark, für ihre Erfahrungen und Anregungen;
- den Hauptträgern der agrarischen Förderungspolitik in Österreich: dem Bundesministerium für Land- und Forstwirtschaft und der AMA (Agrarmarkt Austria), auf deren förderungspolitischen Vorgaben und Veröffentlichungen ein wesentlicher Teil des Werkes basiert;
- und allen Fachleuten, auf deren Veröffentlichungen als Literaturgrundlage aufgebaut wurde.

Graz, März 1997 Dipl.-Ing. Dr. Anton Pickl

1

AGRARPOLITISCHE GRUNDLAGEN

Die Abhängigkeit der Landwirtschaft von den agrarpolitischen Grundlagen

Die Landwirtschaft ist wie kaum ein anderer Wirtschaftszweig von den politischen Rahmenbedingungen abhängig. Die Politikabhängigkeit agrarischer Tätigkeit wird von den Bauern oft unterschätzt, vor allem aber aus der Sichtweise des „freien Bauern" wenig geliebt. Sie ist aber Realität und daher als Rahmenbedingung bäuerlicher Tätigkeit anzuerkennen. Sie zu negieren oder gegen sie wortreich und zornig Sturm zu laufen gleicht einem Kampf gegen Windmühlen.
Produktiver ist, die Kenntnis der agrarpolitischen Rahmenbedingungen und ihre laufende Beobachtung. Man muß als Bauer wissen, woher der „agrarpolitische Wind" weht, um die betriebswirtschaftlichen Segel richtig zu setzen. Seine Kraft soll möglichst gut für eigene betriebliche Zwecke genutzt werden.

Agrarpolitische Rahmenbedingungen in der EU

Was ist neu an den agrarpolitischen Rahmenbedingungen der EU?

- **Die Trägerschaft:** *Agrarpolitik wird nicht oder nur noch eingeschränkt in Wien oder der jeweiligen Landeshauptstadt gemacht sondern von Brüssel aus für Gesamteuropa. Der Nationalstaat hat den größten Teil der agrarpolitischen Kompetenz an die EU abgetreten.*
- **Die Funktion der Preise.** *Den Preisen kommt wiederum mehr Marktlenkungsfunktion zu, diesmal sollen sie aber abgesenkt das agrarische Angebot senken. Die Einkommensfunktion der Preise wurde zurückgenommen.*
- **Die Funktion der Förderung:** *Sie gewinnt immer größeren Einfluß auf die Bildung bäuerlicher Einkommen.*

Österreichs Landwirtschaft hat sich durch den Beitritt in ein agrarpolitisches System der EU eingeklinkt, das sich seit rund 30 Jahren entwickelt hat.
Die Landwirtschaft nimmt in der EU eine Sonderstellung ein. Sie zählt zu den „Grundlagen der Gemeinschaft", weil der Großteil der rechtlichen Regelungen den Agrarbereich betreffen. Für die Landwirtschaft wird rund die Hälfte des EU-Budgets ausgegeben.
Die Grundlinien der gemeinsamen EU-Agrarpolitik gehen auf die Gründungszeit der EU zurück. Die agrarpolitischen Leitlinien der EU wurden in

der Landwirtschaftskonferenz von Stresa, Italien, im Jahr 1958 festgelegt und basieren auf folgenden Prinzipien:

- **Einheitlichkeit des Marktes:** *Innerhalb der Gemeinschaft gibt es einen freien Warenverkehr. Gemeinsame Preise und Wettbewerbsregeln sind das Um und Auf eines solchen Prinzips.*
- **Gemeinschaftspräferenz:** *Dahinter steckt die Bevorzugung der Agrarproduktion, die innerhalb der EU erzeugt wird, gegenüber anderen Wettbewerbern.*
- **Finanzielle Solidarität:** *Jede Politik kostet Geld. Wenn man gemeinsame Agrarpolitik betreibt, dann müssen auch die Kosten gemeinsam getragen werden. Die Mittel der Mitgliedsstaaten fließen in gemeinsame Töpfe. Man nennt sie Fonds wie z.B. den EAGFL (Europäischer Ausrichtungs- und Garantiefonds für die Landwirtschaft). Daraus werden die gemeinsam getragenen Fördersysteme gespeist.*

Mit dem agrarpolitischen System der **G**emeinsamen **A**grar**p**olitik **(GAP)** strebt die EU seit ihrem Start an:

- die Steigerung der Produktivität der Landwirtschaft;
- angemessene Lebenshaltung der landwirtschaftlichen Bevölkerung;
- Stabilisierung der Märkte;
- Versorgungssicherheit;
- angemessene Verbraucherpreise

Notwendigkeit zur Änderung

Nicht nur in der EU, in allen entwickelten Volkswirtschaften wurden die traditionellen agrarpolitischen Werkzeuge stumpf. Die Ziele überholten sich. Die Instrumente brachten immer weniger, kosteten aber bis zur Unfinanzierbarkeit immer mehr.

Auch in der EU hat sich die bisherige Agrarpolitik überholt: Kernstück der alten gemeinsamen Agrarpolitik war das System der garantierten Preise bei unbeschränkter Produktion. Sie hatte zur Folge, daß die Bauern auch dann noch die garantierten Preise bekamen, wenn ihre Produkte mit hohen Erstattungen auf den Weltmärkten verschleudert werden mußten. Dieses System wurde auf Dauer unfinanzierbar. Es kam zu einem immer stärkeren Reformdruck. Die daraus entstandene reformierte Gemeinsame Agrarpolitik = GAP-Reform 1992 prägt nun die agrarpolitische Landschaft Europas.

Osterreich trat der EU gerade zu dem Zeitpunkt bei, als diese selbst ihre Agrarpolitik grundlegend änderte.
Kern dieser Reform ist die Rücknahme der Preise und als Gegenleistung der Ausbau der Prämien und Förderungen. Die Umsetzung erfolgt in einem mehrjährigen Stufenplan.
Diese Politik konzentriert sich vor allem auf die Hauptmärkte Getreide, Ölsaaten und Einweißfrüchte. Die Ausgleichszahlungen der EU (Kulturpflanzenausgleich) sind hauptsächlich als flächenbezogene Förderungen für diese Kulturen konzipiert und im Normalfall an die teilweise Stillegung von Flächen gebunden.
Nicht nur die pflanzliche, auch die tierische Produktion ist vom Konzept der reformierten Gemeinsamen Agrarpolitik betroffen und zwar in zweierlei Art:

- Die intensive Veredelungsproduktion über eine Verbilligung der Zukauffuttermittel;
- die extensiven Tierhaltungszweige über tierbezogene Sonderprämien (Sonderprämie für männliche Rinder, Mutterkuhhaltungsförderung, Förderung Mutterschafe. Diese Prämien werden deshalb gewährt, weil diese Tierhaltungszweige wenig von den durch die Preissenkungen abgesenkten Futterkosten profitieren.).

Als ergänzende Maßnahmen bietet die EU die Mitfinanzierung an von:

- Umweltprogrammen;
- Maßnahmen zur strukturellen Weiterentwicklung der Einzelbetriebe sowie der Verarbeitung und Vermarktung;
- Ausgleichszahlungen für wirtschaftlich benachteiligte Gebiete.

Trends der Agrarpolitik

Die Agrarpolitik ist ständigen Veränderungen unterworfen. Die österreichischen Bauern passen sich seit dem Beitritt keinem festen sondern einem dynamischen agrarpolitischen System an.
Trotz der erst rund 3 Jahre alten Reform der EU-Agrarpolitik laufen wieder Diskussionen über deren Weiterentwicklung. Die Gründe dafür sind:

- *Erste Schatten, die eine neue Verhandlungsrunde der WTO = Welthandelorganisation (vormals GATT) ab 1999 auf die Entwicklung des Weltagrarhandels werfen;*
- *die geplante Osterweiterung der EU und die damit verbundenen agrarwirtschaftlichen Auswirkungen;*
- *neue Knappheitsverhältnisse z.B. bei den ökologischen Leistun-*

gen aber auch bei bestimmten agrarischen Hauptprodukten, bei denen sich die Angebots/Nachfrageverhältnisse weltweit änderten;

- *Gesundheits- (BSE-Krise) und Ethikfragen (Gentechnik) in Zusammenhang mit der Anwendung des technischen Fortschritts in der Landwirtschaft;*
- *der zunehmende Druck zur bürokratischen Vereinfachung und dezentraleren Umsetzung der Agrarpolitik.*

Mittelfristig, das heißt bis 2000, dürfte die bisherige Agrarpolitik der EU mit geringen Nachjustierungen aufrecht bleiben.
Spätestens ab 2000 ist aber mit größeren Änderungen der europäischen Agrarpolitik zu rechnen. Deren Richtung hängt von der Durchsetzungsfähigkeit der wichtigen wirtschaftspolitischen Hauptkräfte ab:

- Entweder jener, die sich für eine radikale Reform mit weitgehendem Stützungs- und Förderungsabbau, für eine Abschaffung der Mengensteuerungen und einer Rückverlagerung der Agrarpolitik auf die Nationalstaaten ausspricht ;
- oder jener, der die bisherige Agrarpolitik vorsichtiger fortschreibt mit einer ausgewogenen Preis/Mengenpolitik, einem weiterentwickelten Direktzahlungssystem sowie Umwelt- und Regionalförderungen.

Mit den Auswirkungen der aktuellen EU-Agrarpolitik müssen sich die österreichischen Bauern seit 1995 auseinandersetzen. Sie stellt derzeit die wichtigste Herausforderung dar und hat auch schon ihre Auswirkungen. Auf diese wollen wir nun kurz eingehen.

Auswirkungen auf die Einzelbetriebe

Mit dem EU-Beitritt haben sich für die bäuerlichen Einzelbetriebe Österreichs:

- *die Preise gesenkt (– Einfluß auf das Einkommen)*
- *die Kosten verändert, zumeist gesenkt (+ Einfluß auf das Einkommen)*
- *das alte Fördersystem verabschiedet (– Einfluß auf das Einkommen)*
- *ein neues Fördersystem Geld auf die Bauernhöfe gebracht (+ Einfluß auf das Einkommen).*

Tabelle 1: Die Veränderung von Preisen und Kosten im Beitrittsjahr

Die Veränderung von Preisen und Kosten im Beitrittsjahr	
Produkt	Prozentveränderung 94/95
Agrarprodukte	
Kontrakt-Qualitätsweizen	–57
Kontrakt-Mahlweizen	–46
Futtermais	–29
Zuckerrüben	–7
Stiere	–9
Kühe	–11
Kälber	–12
Schweine	–20
Masthühner	–23
Eier	–17
Milch	–33
Kosten	
Betriebsausgaben insgesamt	–7
Handelsdünger	–43
Futtermittel	–27
Pflanzenschutzmittel	–7
Maschinen	1
Baukosten	3
Verbraucherpreise	
Verbraucherpreisindex Ernährung/Getränke	–2

Q: Wifo 5/95, Paritätsspiegel LBG 4/95

Die Wirkung dieser Einflußfaktoren war im Vorfeld des Beitritts und auch nachher immer wieder Anlaß für Diskussionen und Fehleinschätzungen, weil sie nicht gesamt gesehen wurden. Der Blick allein auf Preisminderungen und den Verlust alter Förderungen wäre jedenfalls ebenfalls getrübt wie die einseitige Darstellung der neuen Förderungen.

Ein Betriebsbeispiel soll die verschiedenen Dimensionen der Veränderung zahlenmäßig und in iher Wirkungsrichtung deutlich machen:

Tabelle 2: Die Einkommensentwicklung 1994/95 für einen Beispielsbetrieb

Der Beispielsbetrieb: liegt in der Zone 2, hält 15 Kühe, verkauft 12 Rinder/Jahr, hält Zuchtsauen und verkauft 100 Ferkel/Jahr, die Ackerfläche beträgt 3,3 ha, die Grünlandfläche rund 14 ha		
Erlösverluste		**-174.404**
60000 kg Milch	–126.000	
6 Almochsen -	–21.780	
4 Schlachtkühe	–2.860	
2 Mastkalbinnen	–5.184	
100 Ferkel	–10.000	
Kostenentlastung		**+25.615**
Handelsdünger, Saatgut, Hagelvers.	–3.740	
Kraftfutterzukauf	–21.875	
Wegfall alter Förderungen		**-30.875**
Neue dauerhafte Förderungen		**+113.832**
Tierprämien	+27.480	
GAP-Acker	+13.080	
ÖPUL	+30.296	
Ausgleichszulage	+42.976	
Ergibt Einkommensdifferenz ohne Übergangszahlungen		**–65.832**
Übergangszahlungen 95		**+94.315**
Zuchtsauen	+8.400	
Ackerfrüchte	+11.515	
Milch	+74.400	
Ergibt Einkommensdifferenz mit Übergangszahlungen '95		**+28.483**

Q: Stocker F., BBK Graz

Vor dem Beitritt wurden von verschiedenen Institutionen Vorschaurechnungen über die möglichen Auswirkungen auf die bäuerlichen Einzelbetriebe angestellt. Diese Vorschaurechnungen deuteten damals zusammengefaßt auf folgende einzelbetrieblichen Auswirkungen der geänderten Rahmenbedingungen auf die Einzelbetriebe hin:

- ***Im Beitrittsjahr werden die Erlösverluste vor allem wegen der Übergangsförderungen weitgehend ausgeglichen;***
- ***nach der Übergangszeit zeichnen sich ohne betriebliche und agrarpolitische Maßnahmen Einkommensverluste ab;***
- ***diese Einkommensverluste sind bei bisher intensiv wirtschaftenden Betrieben (vor allem flächenarmen) stärker***
- ***als bei extensiv wirtschaftenden (und eher flächenstarken);***
- ***die Förderung hat unter den neuen Rahmenbedingungen besonderes Gewicht. Sie ist eine der neuen starken Einkommenssäulen.***

Nun sind wir in der EU und verfügen über erste Daten zur Entwicklung der landwirtschaftlichen Einkommen. Wurden die Erwartungen bestätigt oder widerlegt? Es gibt zwei Ergebnisrechnungen:

- Das Österreichische Institut für Wirtschaftsforschung ermittelt die Einkommenslage der heimischen Landwirtschaft als Gesamtheit. Dieser Rechnung zufolge lag das Einkommen je Beschäftigtem in der Landwirtschaft 1995 im ersten Jahr nach dem Beitritt um 5 % höher als im Jahr 1994 vor dem Beitritt. Es wird als Ergebnis der Ausgleichszahlungen und der hohen Abwanderung aus der Landwirtschaft von -5,5 % der Erwerbstätigen im Beitrittsjahr interpretiert.
- Nach einzelbetrieblichen Daten der rund 2000 Buchführungsbetriebe für den Grünen Bericht stiegen die Einküfte aus Land- und Forstwirtschaft je Familienarbeitskraft (= FAK) im Durchschnitt von 1994 auf 1995 gar um 22 %. Auch hier wird das positive Ergebnis mit der Einkommenswirksamkeit der Übergangszahlungen im Beitrittjahr begründet. Ohne die sogenannten degressiven Ausgleichszahlungen sanken aber nach den Buchführungsdaten die Einkünfte aus Land- und Forstwirtschaft je FAK bei den Buchführungsbetrieben um 2 % gegenüber 1994.

Tabelle 3: Einkommensentwicklung nach Buchführungsergebnissen

Einkommensentwicklung 1994/95							
Betriebstypen	Einkünfte aus Land- und Forstwirtschaft in S/Jahr und Familienarbeitskraft (FAK)						
	von 1994	1995					
		mit degressiven Ausgleichszahlungen			ohne degressive Ausgleichszahlungen		
		Veränderung		auf S	Veränderung		auf S
		S absolut	%		S absolut	%	
Betriebsgruppen							
Betriebe über 50 % Forst	123.124	14.798	12	137.922	8.639	7	131.763
Betriebe 25-50 % Forst	123.310	23.761	19	147.071	6.970	6	130.280
Futterbaubetriebe	121.158	26.898	22	148.056	-1.311	-1	119.847
Gemischbetriebe	139.313	40.367	29	179.680	-1.852	-1	137.461
Marktfruchtbetriebe	230.771	59.162	26	289.933	-11.329	-5	219.442
Dauerkulturbetriebe	146.275	39.716	27	185.991	15.822	11	162.097
Veredelungsbetriebe	219.979	17.826	8	237.805	-49.046	-22	170.933
Produktionsgebiete							
Hochalpengebiet	119.031	25.083	21	144.114	11.918	10	130.949
Voralpengebiet	138.423	33.631	24	172.054	14.120	10	152.543
Alpenostrand	133.383	21.872	16	155.255	- 736	-1	132.647
Wald- und Mühlviertel	113.635	39.894	35	153.529	7.574	7	121.209
Kärntner Becken	135.510	31.020	23	166.530	1.070	1	136.580
Alpenvorland	144.688	32.448	22	177.136	-16.457	-11	128.231
Südöstl. Flach/Hügelland	141.534	32.471	23	174.005	-6.600	-5	134.934
Nordöstl.Flach/Hügelland	226.135	33.009	15	259.144	-21.253	-9	204.882
Nichtbergbauern/Bergbauernbetriebe							
Nichtbergbauernbetriebe	168.925	33.393	20	202.318	-13.995	-8	154.930
Bergbauernbetriebe	119.188	28.702	24	147.890	8.507	7	127.695
Gesamt							
alle Betriebe zusammen	144.682	31.189	22	175.871	-2.995	-2	141.687

Q: Bundesministerium für Land- und Forstwirtschaft, LBG

Die positive Einkommensentwicklung des Beitrittsjahres ist insgesamt ein Erfolg der Ausgleichszahlungen und zwar vorwiegend des Systems der degressiven Übergangszahlungen.
Ohne die Übergangszahlungen hätte es aber 1995 schon bei bestimmten Betriebsgruppen erwartete und befürchtete Einkommensminderungen gegeben, die den längerfristigen Trend der Einkommensentwicklung andeuten.
In der nachfolgenden Grafik werden für die wichtigsten Betriebsgruppen der österreichischen Landwirtschaft die Einkommen aus Land-und Fostwirtschaft pro Familienarbeitskraft und Jahr für die Jahre 1994 und 1995 ohne Übergangszahlungen gegenübergestellt.

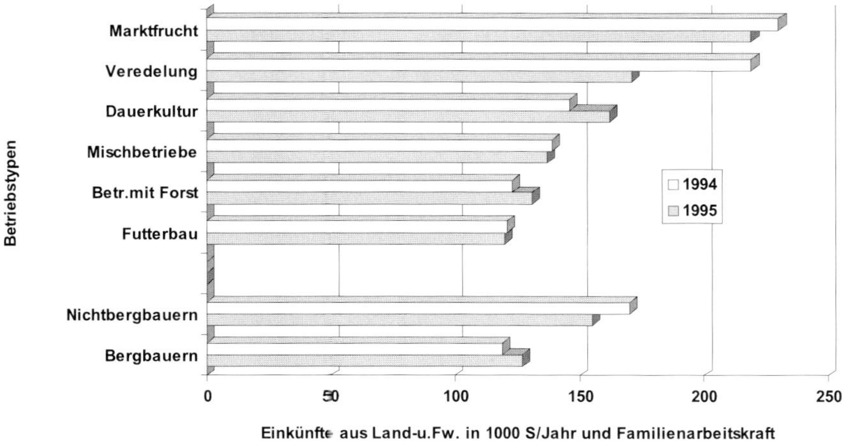

Abbildung 1: Einkommensentwicklung 1994/95 ohne Übergangszahlungen

Für 1996 hat das statistische Amt der EU für Österreich einen Rückgang der realen Nettowertschöpfung (Einkommen) pro Arbeitkraft in der Landwirtschaft von 7 Prozent ermittelt.
Die in der obigen Grafik dokumentierten Trends werden sich in den nächsten Jahren vor allem nach dem Auslaufen der Übergangszahlungen verdeutlichen und verfestigen.
Diese Einschätzung bildet die Grundlage für das nachfolgende Kapitel, in dem Anpassungserfordernisse und -strategien behandelt werden.

2

ANPASSUNGSERFORDERNISSE UND -STRATEGIEN

STRUKTURWANDEL – WESENTLICHER TEIL DER ANPASSUNG

Der Strukturwandel ist der vor allem längerfristig wirksame Teil der einzelbetrieblichen Anpassung an geänderte Rahmenbedingungen, um Änderungen:

- **Der Anzahl landwirtschaftlicher Betriebe:** *1960 gab es in Österreich noch 402.000 land-und forstwirtschaftliche Betriebe. 1970 waren es 342.000, 1980 308.000, 1990 278.000 und sanken schon bis vor dem EU-Beitritt 1993 auf 267.000 Betriebe.*
- **Der Größenstruktur:** *Die Größenstruktur der Betriebe verändert sich laufend. Vor allem die Zahl der Betriebe unter 20 ha Gesamtfläche nimmt stark ab. In dieser Größenklasse gab es 1960 noch 330.000 Betriebe. 1993 sind es nur noch 190.000. Die Fläche verlagert sich zu größeren Betrieben, das zeigt die Entwicklung der Betriebe über 50 ha Gesamtbetriebsfläche. 1960 gab es in Österreich davon rund 15.000, 1993 sind es in dieser Gruppe 18.000.*
- **Der Erwerbssstruktur:** *Deutlich ist auch der erwerbswirtschaftliche Wandel: 1960 gab es in der österreichischen Landwirtschaft noch 50 % Vollerwerbsbetriebe. 1993 sind es nur noch 30%. 70 % der Betriebe werden heute im Zu- und Nebenerwerb bewirtschaftet*
- **Des Erwerbstätigenstandes:** *Eine andere Dimension des agrarischen Strukturwandels ist die Abwanderung der Arbeitskräfte. Seit 1990 hat sich nach Analysen des Österreichischen Institutes für Wirtschaftsforschung der Beschäftigungsrückgang in der Landwirtschaft beschleunigt. Er lag in den letzten Jahren um den EU-Beitritt bei rund 5 % obwohl die schlechte gesamtwirtschaftliche Entwicklung keine starke Nachfrage nach Arbeitkräften aus der Landwirtschaft ausübte. Damit kam es seit 1991 zur stärksten Abnahme des Arbeitskräftebestandes in der Landwirtschaft seit 1945. In der nachfolgenden Tabelle deutet vor allem die Abwanderungsrate bei den Selbständigen und mithelfenden Arbeitskräften darauf hin, daß die junge Generation vermehrt den Hof verläßt und einen nichtlandwirtschftlichen Beruf erlernt.*

Tabelle 4: Beschäftigte in der österreichischen Landwirtschaft 1980–1995

Jahr	Beschäftigte in 1000	Veränderung gg Vorjahr in %	Veränderung gg. Vorjahr in % bei Selbständigen u. mithelfenden Arbeitskräften
1980	293,9	-2,7	-2,4
1985	262,0	-2,8	-2,8
1990	219,2	-3,6	-4,1
1991	210,1	-4,2	-4,
1992	197,8	-5,9	-6,8
1993	185,7	-6,1	-6,6
1994	175,5	-5,5	-6,2
1995	165,7	-5,5	-6,2

Q: Puwein, Österreichisches Institut für Wirtschaftsforschung (WIFO)

Für weitere, anhaltende Strukturbewegungen der österreichischen Landwirtschaft gibt es einen beträchtlichen Spielraum, wenn man die heimische Agrarwirtschaft mit der anderer in der EU vergleicht.
Es gibt wesentlichen Strukturunterschiede sowie die natürlichen und wirtschaftlichen Ertragsbedingungen zwischen österreichischer und sonstiger EU-Landwirtschaft vergleicht:

- *Unser Land und unsere Landwirtschaft hat einen überdurchschnittlich hohen Anteil an Bergregionen.*
- *Österreichs Landwirtschaft ist durch die Agrarverfassung der Familienbetriebe geprägt.*
- *In Österreich liegt die durchschnittliche Betriebsgröße pro Betrieb mit 13 ha unter dem EU-Durchschnitt von rund 16 ha land-und forstwirtschaftlicher Fläche pro Betrieb. Es gibt zwar Länder mit noch kleinbetrieblicher Struktur. Den gemeinsamen Markt beliefert aber auch die Landwirtschaft Großbritanniens mit fast 70 ha LF/Betrieb, die französische mit 35 ha LF/Betrieb oder die deutsche Landwirtschaft mit 28 ha LF/Betrieb.*
- *In Österreich ist der Anteil der Betriebe mit Erwerbskombination höher als im EU-Durschschnitt.*

Tabelle 5: Durchschnittsgröße der landwirtschatlichen Betriebe in Europa

Durchschnittsgröße landwirtschaftlicher Betriebe in Europa	
Land	land- und forstwirtschaftliche Fläche in ha je Betrieb
Großbritannien	67,3
Luxenburg	37,4
Dänemark	37,1
Schweden	36,7
Frankreich	35,1
Deutschland	28,1
Irland	26,8
Spanien	17,9
Belgien	17,6
Niederlande	6,8
EUR 15	16,4
Finnland	14,0
Österreich	12,8
Norwegen	11,5
Schweiz	11,4
Portugal	8,1
Italien	5,9
Griechenland	4,3

Vor diesem Hintergrund ist in den nächsten Jahren mit einem anhaltend dynamischen Strukturwandel als Hauptanpassungsreaktion an die schärferen agrarischen Wettbewerbsbedingungen zu rechnen.

NICHT EINZELSTRATEGIEN SONDERN STRATEGIEBÜNDEL SIND GEFRAGT

Obwohl es die ersten Einkommensdaten nicht so deutlich dokumentieren, auf die Landwirtschaft kommen schärfere Rahmenbedingungen zu.
Die Diskussion über mögliche Anpassungsstrategien bei verschärften agrarischen Rahmenbedingungen wird sehr vielschichtig geführt:

- Die einen erwarten sich von verstärkten Qualitätsbemühungen die Lösung von Wettbewerbsproblemen;
- für Marketingfachleute sind „strategische Allianzen" der Produzenten mit Verarbeitung und Vermarktung wichtig;
- anderen sind wieder die Direktvermarktung oder die Umstellung auf Biolandbau die wichtigsten Lösungsansätze.

Alle haben auf den speziellen Ansatz hin recht, nicht aber als allgemein gültige Lösung und für alle Betriebs- und Haushaltsverhältnisse gültig.
Einfache und eindimensionale Antworten sind bei komplexen Veränderungsprozessen keine Anworten. Es geht um komplexe Strategiebündel, die für jeden bäuerlichen Betrieb/Haushalt unterschiedlich entwickelt und umgesetzt werden müssen. Das Denken und Handeln in Maßnahmenbündeln löst anstehende Probleme eher als Warten auf die große agrarpolitische Lösung oder gar Resignation.
Resignation wäre überhaupt die schlechteste Reaktion. Manchmal sind anstehende Probleme Helfer. Eigenes zielstrebiges und konsequentes Handeln ist die wesentliche Voraussetzung, um selbst aus schwierigen Umstellungssituationen wieder positive persönliche Lebens- und Wirtschaftverhältnisse zu entwickeln.
Es geht um die Qualität und den Inhalt der eigenen Ziele und Vorstellungen und um eine systematische Vorgangsweise, die ein Gesamtproblem in seine Teile zerlegt und so aus einer anfangs unlösbaren Lage wieder einen gangbaren Weg eröffnet.
Im folgende Maßnahmenteil dieses Buches sollen dem Leser in einer einfachen Gliederung, Anregungen und Hinweise vermittelt werden. Diese Strategieempfehlungen für die Anpassung des Einzelbetriebes an die neuen EU-Rahmenbedingung gehen in folgende Richtung:

- *Das Förderungsangebot optimal anzunehmen;*
- *die Betriebsführung zu verbessern;*
- *das Produktionsprogramm neu auszurichten;*
- *die Kosten zu kennen und senken;*

- *die Intensität der Bewirtung richtig zu wählen;*
- *neue Wege in der Vermarktung zu gehen;*
- *Wachstums- und Investitionsschritte richtig zu setzen;*
- *wenn notwendig die Erwerbs- und Einkommensbasis zu verbreitern;*
- *und unter bestimmten Umständen kontrolliert aus dem landwirtschaftlichen Erwerb auszusteigen und das bestehende Vermögen zu sichern.*

DAS FÖRDERUNGSANGEBOT ANNEHMEN

Die Annahme des bestehenden Förderungsangebotes ist bei der Bedeutung der Förderung für das Einkommen die dringlichste Anpassung. Die Förderung (oder Ausgleichszahlung oder Leistungsabgeltung) wurde zu einer besonders tragenden Einkommenssäule.

Tabelle 6: Anteil der öffentlichen Gelder an den Einkünften aus Land- und Forstwirtschaft

Betriebsgruppe	1994	1995
Betriebe gesamt	31,6	68,1
Dauerkulturbetriebe	21,2	51,8
mit Forstanteil > 50 %	33,0	57,9
Veredelungsbetriebe	22,6	60,3
Futterbaubetriebe	28,8	67,6
Lw. Gemischtbetriebe	30,7	70,9
Marktfruchtbetriebe	45,0	81,3

Q: BMLF, Grüner Bericht 1995

Im Beitrittsjahr wurden vor allem Anpassungen an das neue Förderungsangebot vollzogen. Das ist trotz aller Einstiegsschwierigkeiten in die neuen Förderungen recht gut gelungen. Die Auseinandersetzung mit den Förderungsmöglichkeiten ist für alle Betriebsgruppen besonders wichtig. Das neue Förderungsangebot unter EU-Bedingungen ist komplex. In einem vereinfachten Schema lassen sich die Fördersysteme wie folgt in Pakete zusammenfassen:

Tabelle 7: Die Förderpakete

Die Förderpakete	
1	**Fördermaßnahmen zum Ausgleich sinkender Agrarpreise**
	Kulturpflanzenausgleich
	Sonderprämie männliche Rinder
	Mutterkuhhaltungsförderung
	Förderung von Mutterschafen
2	**Umweltförderung (ÖPUL)**
3	**Ausgleichszahlungen für benachteiligte Gebiete**
4	**Förderungen zur Verbesserung der Agrarstruktur**
	einzelbetriebliche Investitionsförderung
	Jungunternehmerförderung
	Sektorplanförderung zur Förderung von Verarbeitung und Vermarktung
	Förderung der Erzeugergemeinschaften
5	**Regionalförderung**
6	**Förderungen im Übergangszeitraum**
	Lagerabwertungen
	degressive Ausgleichszahlungen

Dieses Fördersystem soll in Kapitel 3 noch grundlegend beschrieben werden.

DIE BETRIEBSFÜHRUNG VERBESSERN

Einkommensunterschiede durch die Art der Betriebsführung

Die Buchführungsergebenisse für den Grünen Bericht dokumentieren immer wieder deutliche Einkommensunterschiede, die auf der unterschiedlichen Qualität der Betriebsführung basieren.

Tabelle 8: Unterschiede in wichtigen betriebswirtschaftlichen Kennzahlen

Kennzahl	Futterbaubetriebe		Marktfruchtbetriebe		Veredelungsbetriebe	
	1.Viertel	4.Viertel	1.Viertel	4.Viertel	1.Viertel	4.Viertel
Eigenkapital in % d. Betriebsvermögens	88,9	90,4	86,1	89,7	81,6	93,7
Eigenkapitalveränderungen in % d. Gesamteinkommens	11,1	48,3	2,7	47,3	-3,0	49,9
Fremdkapital in % d. Betriebsvermögens	11,1	9,6	13,9	10,3	18,4	6,3
Reinertrag in % d. Betriebsvermögens	-6,0	2,9	-2,8	8,4	-4,5	5,4
land-u. fw. Einkommen in % des Ertrages	11,4	46,8	20	45,3	11,6	38,8
land-u.forstwirtschaftliches Einkommen S/FAK/Jahr	29.803	265.572	98.720	535.081	60.247	405.896

Q: LBG, Buchführungsergebnisse 1995

Was sind die wesentlichen Unterschiede der gut geführten zu den schlechter geführten Betrieben:

- *Bei den gut geführten Betrieben ist der Eigenkapitalanteil am gesamten Betriebsvermögen höher.*
- *Sie können ausreichend Eigenkapital bilden.*
- *Der Fremdkapitalanteil am gesamten Betriebsvermögen ist geringer.*
- *Der Reinertrag ist gemessen am eingesetzten Betriebsvermögen höher.*
- *Die Einkommensrate, der Anteil des Einkommens am Rohertrag ist höher.*

- *Letztlich ist das land- und forstwirtschaftliche Einkommen pro Familienarbeitskraft bei den gut geführten Betrieben deutlich höher als bei den schlecht geführten.*

Diese Unterschiede weisen auf die Chancen hin, durch eigenes Handeln einkommensmäßig etwas zu bewegen.

Information – ein wichtiges Produktionsmittel

Österreichs Landwirtschaft hat nicht nur Wettbewerbsnachteile struktureller Art und bei den natürlichen Produktionsbedingungen. Die geringe Aufzeichnungsdichte der heimischen Landwirtschaft ist ein selbstverschuldeter und erheblicher Wettbewerbsnachteil, der behebbar ist.
Nur die Betriebe, die auf der Grundlage von Daten und Informationen geführt werden, haben auf Dauer eine Chance.
So erzwingt beispielsweise das neue Förderungsangebot in Hinkunft das Führen von Aufzeichnungen (z.B. das Sonderförderungsprogramm Schweine/Geflügel oder nach einer Übergangszeit das gesamte kofinanzierte Investitionsförderungsprogramm). Wenn man Investitionsförderungen bekommen will, muß man in Hinkunft Daten sammeln und zur Steuerung betrieblicher Abläufe nutzen.
Die Steuerung betrieblicher Abläufe erfordert solche Steuerungsimpulse. Woher kommen die für die Betriebsführung wichtigen Informationen?

- **Aus dem Rechnungswesen:** *Ob es die Aufzeichnung der Einnahmen und Ausgaben oder die Doppelten Buchhaltung mit und ohne EDV ist. Diese klassischen Aufzeichnungssystem liefern Informationen über Stand und Entwicklung des betrieblichen Vermögens und seiner Komponenten. Sie geben auch Auskunft über Aufwendungen, Erträge, Gewinn und Einkommen und dienen der nächträglichen Beurteilung abgelaufender Wirtschaftsperioden. Solche Aufzeichnungssysteme lassen sich heute am besten mit EDV führen oder mit Hilfestellung eines Dienstleisters, der die Verbuchung der Geschäftsfälle, die Auswertung und teilweise auch die Beratungsunterstützung durch Interpretation der Ergebnisse besorgt.*

- **Aus betriebszweigbezogenen Datensystemen:** *In diese Kategorie fallen z.B. Ackerschlagkarteien oder Bestandesführungssysteme der Tierhaltung. Sie finden zunehmend Eingang in die praktische landwirtschaftliche Betriebswirtschaft. Es gibt immer mehr, bessere und kostengünstigere EDV-Programme in diese Richtung. Der wesentliche Vorteil dieser Systeme ist die direktere* *und in einem kürzeren Regelkreis nutzbare Information. Ein Sauenplaner liefert beispielsweise nicht nur Relativdaten über die Leistungsfähigkeit einer Zuchtsau sondern auch Managementinformation für die tagtäglichen Aufgaben der Bestandesführung.*

- ***Aus dem Betrieb und von der Umwelt:*** *Informationen für die Betriebsführung können aus dem eigenen Betrieb und von außen kommen. Beide Informationsquellen sind wichtig, die Datenquellen des eigenen Betriebes genauso wie Markt- und Führungsinformation von Außen. Betriebseigene Daten stiften erst dann ihren vollen Wert, wenn sie mit denen anderer Betriebe verglichen werden. Deshalb wird die Beteiligung an Arbeitskreisen und Beratungsringen zur Sammlung, Auswertung und gemeinsamen Interpretation von betriebszweigbezogenenen Daten immer mehr zum gängigen Werkzeug der bäuerlichen Betriebsführung werden. Dieses Werkzeug kann auch etwas kosten.*

DAS PRODUKTIONSPROGRAMM NEU AUSRICHTEN

Neue Preise für Produkte und Produktionsfaktoren beeinflussen die Wettbewerbsverhältnisse der Produktionszweige und Produktionsfaktoren untereinander.

Wie die einzelnen Produktionszweige seit dem EU-Beitritt zueinander im Wettbewerb um Fläche, Arbeitskraft, Kapital stehen, wird erst langsam deutlich. Nach einer grundlegenden Änderung der Rahmbedingungen müssen sich Preis- und Kostenrelationen neu einpendeln und positionieren. Die Pendelschläge der Märkte sind am Anfang eines solchen Umstellungsprozesses immer größer als üblich. Ein neues Gleichgewicht ist zu finden und für den bäuerlichen Unternehmer die Informationen darüber zu sammeln. In einer solchen Umstellungsphase ist es besonders wichtig:

- ***Sich laufend über die Entwicklung der Preise und Märkte zu informieren;***
- ***diese in betriebsspezifischen Betriebszweigkalkulationen einzubauen;***
- ***nicht nur auf die Optimierung der Förderung allein zu achten, sondern eine Gesamtschau neuer Preise, neuer Kosten und neuer Förderungen zur Grundlage betrieblicher Entscheidungen zu machen.***

Im Ackerbau gibt es durch die Rücknahme der Preise und durch das Angebot der flächenbezogenen Förderungen neue Wettbewerbsverhältnisse. Diese sind sicher nur betriebsbezogen genau bestimmbar:

- entsprechend den betriebstypischen Erträgen;
- der konkreten Kostensituation;
- und Förderungsausrichtung des Betriebes.

Jeder Betrieb kann letztlich sein Produktionsprogramm im Ackerbau auch nur auf der Grundlage einzelbetrieblicher Daten planen und neu positionieren. Im Ackerbau gibt es aber beispielsweise eine grundlegende Umstellung der Wettbewerbsverhältnisse: Die Alternativkulturen kamen im Wirtschaftlichkeitsvergleich seit dem EU-Beitritt unter die Räder.

Österreich stärkte vor dem EU-Beitritt bewußt die Wettbewerbskraft der Alternativkulturen (Ölsaaten, Eiweißfrüchte). Diese Politik war recht erfolgreich. Sie konnte aber nach dem EU-Beitritt nicht mehr als eigenständige nationale Politik weiterverfolgt werden.

Im Ackerbau greifen nun die Rahmenbedingungen der EU oder besser solche nach der letzten GATT-Runde, die auch die EU zu einer Rücknahme der Schutzinstrumente für Ölsaaten und Eiweißfrüchte zwang. Das ist der Grund, warum sich die Wettbewerbsbedingungen für die „Alternativkulturen" der alten österreichischen Ackerbau/Getreidepolitik verschlechterten. Die nachfolgende Grafik dokumentiert dies anhand eines Standard-Deckungsbeitragsvergleiches bei wichtigen Ackerkulturen vor und nach dem EU-Beitritt.

Abbildung 2: Entwicklung der Deckungsbeiträge 1994/99 bei wichtigen Ackerkulturen

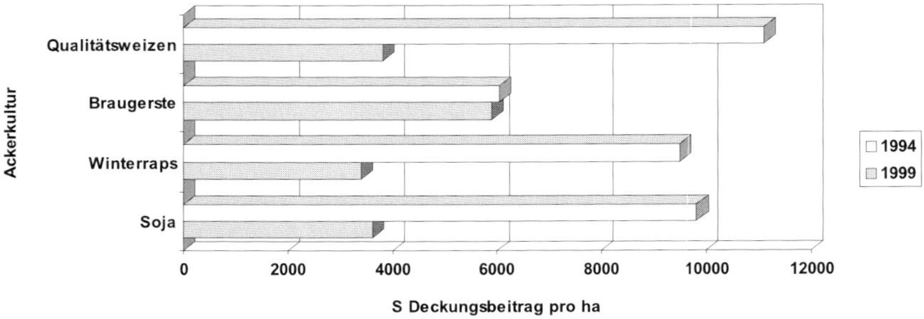

Q: Zach, BMLF, Förderungsdienst 4/96

Das ist nur ein Beispiel dafür, daß allein im Ackerbau die Vor- und Nachkalkulation der Deckungsbeiträge unter Einschluß der konkreten betriebsbezogenen Fördersituation notwendig ist:

- *Im Ackerbau kann der reine Deckungsbeitragsvergleich der Kulturen zu Fehlschlüssen führen.*
- *Die Wettbewerbsstellung bestimmter Kulturen wird erst offensichtlich, wenn ihre ökonomische Wirkung in der Fruchtfolge und das Zusammenspiel mit einer darauf aufbauenden tierischen Veredelung berücksichtigt wird.*
- *Beispielsweise ermöglichen manche Kulturen oder die Einhaltung bestimmter Begrenzungen (z.B. Getreide/Maisanteil) in der Fruchtfolge erst den Zugang zu einer Förderung des Umweltprogrammes.*

Das Produktionsprogramm ist jedenfalls dementsprechend immer wieder nachzujustieren. Ein Pauschalempfehlung wäre hier fehl am Platz.
Vor der gleichen Aufgabe steht man in der tierischen Produktion. Dort ist

die Wettbewerbsstellung der Tierhaltungsaktivitäten entsprechend den betriebsindividuellen Verhältnissen und geänderten Wettbewerbsbedingungen neu zu überprüfen und im Produktionsprogramm nachzujustieren. Auch die forstliche Produktion ist bei der Neuplanung der betrieblichen Schwerpunkte ins Kalkül zu ziehen Die pflegliche und bewußte Waldbewirtschaftung ist eine mögliche Anpassungsstrategie an geänderte agrarische Rahmenbedingungen.

Der EU-Betritt hat als Einflußfaktor das Preis- und Marktgefüge in der Forstwirtschaft kaum verändert. Diese Sparte mußte schon immer ohne Außenschutz auskommen und sich am internationalen Wettbewerb beteiligen. Holzmarktbewegungen der jüngeren Vergangenheit haben nach den forstlichen Marktexperten nichts mit dem EU-Beitritt zu tun.

Für den bäuerlichen Betrieb mit Waldfläche ist die Waldbewirtschaftung mit erwerbswirtschaftlicher Zielsetzung eine mögliche Entwicklungsoption um:

- **Das Zuwachspotentional des eigenen Waldes bewußt und voll zu nutzen:** *Die Forstexperten weisen immer wieder darauf hin, daß in Österreich von jährlichen 30 Mio. vfm (Vorratsfestmeter) Zuwachs nur 20 Mio. vfm genutzt werden. Es gibt beachtliche, nicht vorgenommene und auch nicht genutzte Durchforstungsrückstände. Diese Nutzungspotentiale bleiben zum Großteil im Bauernwald ungenutzt.*
- *Möglichst viel* **Arbeitseinkommen aus dem eigenen Wald zu schöpfen;**
- *durch* **moderne und organisierte Zusammenarbeit** *in der forstlichen Produktion moderne Pflege-und Erntetechnik kostengünstig anzuwenden;*
- *und durch* **gemeinschaftliche und bewußte Vermarktung** *von der forstlichen Erlösseite her zu punkten.*

Waldwirtschaft ist nur von der Fläche her gesehen ein extensiver Wirtschaftszweig. Bezogen auf die eingesetzte Arbeitskraftstunde und von der notwendigen intelligenten Produktions- und Vermarktungstechnik her ist sie aber ein durchaus intensiver Betriebszweig.

Die bewußte Hinwendung zur Forstwirtschaft sollte daher ihren festen Platz bei allen agrarischen Überlegungen zur Weiterentwicklung des Betriebes haben.

KOSTEN KENNEN UND SENKEN

Wenn der Anteil des Einkommens am Umsatz/Rohertrag sinkt, betriebliches Wachstum und Intensitätssteigerungen schwierig und risikoreich sind, dann zeigt die Kostensenkung besonders einkommenswirksam. Kostensenkungspotentiale sind nach wie vor vorhanden:

- *Einerseits bei den laufenden Produktionsprozesse, die vor allem durch eine* **Feinsteuerung der Produktionstechnik** *beeinflußt werden können. Zielgerichtete Düngung, Einsparung bei den Saatgutkosten durch gezielte Bestandesführung oder Pflanzenschutz nach Schadschwellen zählt in diese Kostensenkungskategorie. Die Einsparungspotentiale werden durch betriebszweigspezifische Aufzeichnungen und die darauf basierenden produktionstechnischen Maßnahmen erschlossen.*
- *Die heimische Landwirtschaft trägt noch immer eine zu hohe* **Fixkostenlast,** *vor allem in der Mechanisierung oder durch zu teures Bauen.*
- *Eine andere Stoßrichtung ist die* **Kostensenkung bei der Beschaffung** *von Betriebsmitteln und Investitionsgütern. Die richtige Wahl des Lieferanten, Kaufzuschlag auf der Grundlage von vergleichenden Angeboten, mehr Marktmacht durch gemeinschaftlichen Einkauf jedweder Art sind Bestandteile einer solchen Kostensenkungspolitik.*

Festkostenblock

Im internationalen Durchschnitt liegt Österreich mit einem Maschinenvermögen von rund 23.000 S/ha LN oder 650 S/1000 S Rohertrag im europäischen Spitzenfeld. Der EU-Durchschnitt der ehemaligen 12er EU lag bei rund 12.000 bis 13.000 S/ha LN oder knapp über 400 S pro 1000 S Rohertrag. Diese einfachen von der LWK Oberösterreich zusammengetragenen Kennzahlen über die Mechanisierung in Österreich weist auf ein beträchtliches, nicht ausgeschöpftes Einkommenspotential hin. Es kann durch Kostensenkung in der Mechanisierung erschlossen werden. Kostensenkungspolitik in der Mechanisierung heißt:

- *Die Mechanisierungskosten zu kennen;*
- *alle Mechanisierungsinvestitionen kritisch zu prüfen, ob es zur Eigenmechanisierung eine alternative, kostengünstigere Form der Mechanisierung gibt;*

- *kostensparender Verzicht auf Prestigeinvestitionen und Anschaffungen aus reiner Technikverliebtheit;*
- *Zusammenarbeit im überbetrieblichen Maschineneinsatz;*
- *pflegliche Behandlung der Maschinen und Geräte;*
- *Kostensenkung bei Reparatur und Pflege durch Eigenleistung*

Um Festkostensenkung geht es auch in den verschiedensten Formen der Tierhaltung. Vor allem die Baukosten beeinflussen direkt (und indirekt über die Arbeitstechnik) entscheidend die Wirtschaftlichkeit der Tierproduktion. Die Baukosten sind nur bei Neu- und Umbauschritten beeinflußbar. Dort getroffene Entscheidungen bestimmen die Wirtschaftlichkeit der Tierhaltung über die gesamte Nutzungsdauer eines Stallbaues. Der Stallbau ist vor allem wegen seiner längerfristigen Auswirkung auf die Rentabilität der Tierhaltung wettbewerbsbestimmend. Neben der möglichst kostengünstigen Bauweise beeinflußt die Zahl der gebauten Standplätze die Festkosten pro Einheit. Da und dort gibt es deshalb schon Projekte zum gemeinschaftlichen Stallbau. Neben technischen Fragen ist daher die Kostenplanung besonders wichtig. Kostengünstig gebaut heißt dabei:

- *Vom Material, den zugekauften Leistungen und der Möglichkeit zur Eigenleistung optimiert*
- *arbeitstechnisch vorteilhaft bauen*
- *und von den Haltungsbedingungen der Tiere her optimal ausstatten, weil auch über die Tiergesundheit die Kosten und Leistungen der tierischen Produktion beeinflußt werden.*

MEHR EINKOMMEN DURCH ZUSAMMENARBEIT

Die Zusammenarbeit in den verschiedensten Formen ist ebenfalls ein wichtiger Ansatz zur betriebswirtschaftlichen Ausrichtung auf schärfere Wettbewerbsbedingungen. Kooperationsmöglichkeiten gibt in der Landwirtschaft auf den verschiedensten Ebenen:

Zusammenarbeit beim Vorleistungsbezug

Es gibt Möglichkeiten zur Kooperation beim Betriebsmittelbezug. In der Agrargeschichte wurden immer wieder in diese Richtung Zusammenarbeitsformen geschaffen. Über den gemeinschaftlichen Betriebsmittelbezug oder das gemeinschaftliche Erbringen von Vorleistungen können Kosten gesenkt, Leistungspotentiale im Bereich der Landwirtschaft gehalten und damit Erwerbsmöglichkeiten von der Vorleistungsseite her gesichert werden.

Zusammenarbeit in der Produktion

In der heimischen Landwirtschaft sind die Unternehmenseinheiten in der Regel zu klein, um alle Möglichkeiten der Festkostensenkung auszunutzen. Der technische Fortschritt in der Mechanisierung bringt immer teurere und leistungsfähigere Werkzeuge. Sie können kostengünstig nur bei großen Hektarzahlen eingesetzt werden. Das zwingt zur gemeinschaftlichen Mechanisierung, zur Kooperation, um den mechanisch-technischen Fortschritt in Form von Maschinengemeinschaft oder Maschinenring zu nutzten. Diese Zusammenarbeitsformen schaffen jene Nutzungseinheiten für die Landtechnik, die sonst nur durch größere Betriebe möglich sind.
In die gleiche Richtung gehen Projekte,bei denen durch Voll- oder Teilfusion von Betrieben ein gemeinschaftliches Stallbauprojekt realisiert und getragen wird. Hier ist das Ziel durch sehr weitgehende Zusammenarbeit und Verflechtung

- die hohen Festkosten der baulichen Investition zu verteilen;
- entsprechend leistungsfähige Bestandesgrößen zumindest als gemeinschaftliche Bewirtschaftungseinheit anzustreben
- und auch arbeitswirtschaftliche Vorteile aus dem Kooperationsansatz zu schöpfen.

Zusammenarbeit in der Produktion dient auch dazu, um durch Spezialisierung Wettbewerbsnachteile zu mindern. Arbeitsteilige, aber in Kooperationen gebundene Produktionsformen gibt es in der Rinderhaltung, der

Schweinehaltung aber auch in der pflanzlichen Produktion z.B. in Form von Fruchtfolgegemeinschaften. Dort spezialisiert sich der eine Partner auf den Zuckerrübenbau und der andere z.B. auf den Getreidebau. Sie richten ihre Arbeitsketten darauf aus und rotieren mit den jeweiligen Spezialbetriebszweig über die Ackerflächen der Fruchtfolgemeinschaft.
Viele Möglichkeiten des produktionstechnischen Fortschritts sind überhaupt nur in Zusammenarbeitsformen nutzbar. Beispielsweise sei hier die Zusammenarbeit in der Tierzucht zur Nutzung des biologisch-technischen Fortschritts genannt.
Moderne Bauern arbeiten aber auch zusammen, um gemeinschaftlich Daten mittels EDV über ihre betriebliche Tätigkeit zu gewinnen, sie gemeinschaftlich auszuwerten und für die Steuerung der Produktionsprozesse zu nutzen.

Zusammenarbeit in Verarbeitung und Vermarktung

Die Landwirtschaft muß ständig um ihre Marktmacht kämpfen. Auf der Abnehmerseite gibt es einen beinharten Konzentrationsprozeß. Die Abnehmer agrarischer Produktion werden immer weniger und immer mächtiger.
Ohne Organisation von Gegenmacht verliert die Landwirtschaft beim Verkauf der Produkte mehr als sie jemals durch fleißige Arbeit hereinholen kann.

INTENSITÄT RICHTIG WÄHLEN

Die Änderung der agrarwirtschaftlichen Rahmenbedingen erfordert eine Neupositionierung der Bewirtschaftungsintensität. Wir verstehen darunter das Verhältnis zwischen Betriebsmitteleinsatz und Ertrag. Lange Zeit hat sich in der Landwirtschaft der Einsatz von ertragssteigernden Faktoren gelohnt, weil jeder Betriebsmittelmittelschilling einen Mehrertrag von mehr als einen Schilling brachte. Dieser Weg wurde in der Vergangenheit fast ungeprüft beschritten.

Mit dem Beitritt zu EU kam es zu einer grundlegenden Änderung der agrawirtschaftlichen Rahmenbedingungen:

Agrarpolitik, ihr Einfluss auf die Bewirtschaftungsintensität

Die derzeitigen agrarwirtschaftlichen Bedingungen werfen die Frage nach der richtigen Betriebsintensität wieder neu auf, weil ein erhöhter Einsatz ertragssteigernder Betriebsmittel nicht mehr schnurstrakts und zwingend zu mehr Zusatzgeldertrag führt. Warum?

- Durch die Preissenkungen gingen auf allen Standorten, vor allem aber auf den ertragsstarken die Verkaufserlöse zurück.
- Die ergänzende Direktzahlung hängt nur von der Fläche und nicht mehr vom Mengenertrag ab.
- Die Ausgleichszahlungen sind auf Durchschnittserträge ausgerichtet.
- Auf ertragsschwachen Standorten hat eine Variation der Intensität dadurch wenig, auf den ertragsstarken Standorten aber noch mehr Einfluß auf den Geldertrag.
- Es ändern sich dadurch die Beziehungen und Äbhängkeiten zwischen Betriebsmitteleinsatz und Ertrag. Eine durch mehr Düngung erreichte Ertragssteigerung läßt sich nicht mehr in so viel zusätzlichen Geldertrag ummünzen wie zuvor.
- Außerdem gibt es Förderungsangebote vor allem der Umweltförderung, die gerade die Rücknahme der Bewirtsschaftungsintensität besonders belohnen.

Unter solchen Umständen ist es gerade aus wirtschaftlicher Sicht notwendig:

- ***Über die Umstellung auf besonders ökologische Wirtschaftweisen nachzudenken, weil es Förderungen z.B. für den Biolandbau, den Verzicht ertragssteigernder Betriebsmittel usw. gibt;***

- *über die Umstellung auf besonders ökologische Wirtschaftsweisen nachzudenken, weil es für die daraus erzeugten Produkte besondere Absatz- und Erlösmöglichkeiten gibt;*
- *Prinzipien der integrierten agrarischen Produktion anzuwenden z.B. nicht mehr zu düngen als gebraucht wird oder Pflanzenschutzmaßnahmen auf den dadurch beeinflußbaren Geldertrag abzustimmen. Die Fachwörter dazu sind Nährstoffbilanzierung und Pflanzenschutz nach dem Schadschwellenprinzip. Es geht einfach darum, an den Schrauben der Feinsteuerung gezielt und dosiert eher zurück- als hinaufzuschrauben.*
- *Betriebswirtschaftler raten vor allem zum Abbau von Spitzenintensitäten. Sie bringen unter den neuen Rahmenbedingungen mit großer Wahrscheinlichkeit keinen ausreichenden Zusatznutzen und sollten daher überdacht werden.*

Diese pauschalen Empfehlungen kann eine detaillierte Analyse und Intensitätswahl auf der Grundlage der einzelbetrieblicher Gegebenheiten nicht ersetzen.

NEUE WEGE IN DER VERMARKTUNG GEHEN

Durch den EU-Betritt verändern sich die Marktbedingungen. Es verändern sich nicht nur die Preise:

- Alte, traditionelle Marktpartner verlieren plötzlich ihre Bedeutung oder es gibt sie gar nicht mehr;
- traditionelle Vermarktungsorganisationen bekommen existenzielle Schwierigkeiten und fallen aus;
- ausgetretene Vermarktungswege sind plötzlich nicht mehr gangbar;
- neue Käufer treten auf;
- neue Vermarktungsorganisationen entstehen;
- die Konzentration der Nachfrage nimmt zu;
- der Markt wird größer, teilweise anonymer;
- es gibt aber auch neue Chancen für direkte, unmittelbare Marktbeziehungen zwischen bäuerlichem Anbieter und Konsumenten.

Vermarkten und Beschaffen – ein bewußter Vorgang

Landwirte dürfen sich nicht darauf beschränken, als Produzenten ihre Ware brav und treu abliefern und geduldig auf die Abrechnung zu warten. Solcherart Beschaffungs- und Vermarktungsstrategie ist zuwenig. Sie ist auch dann zuwenig, wenn eine wichtige und tragende Einkommenssäule die Förderung ist.
Landwirte müssen als aktive Vermarkter auftreten. Das ist eine Binsenweisheit aber keine Selbstverständlichkeit. Sie sollte es aber werden, wenn es beim Erlös wegen der allgemein sinkenden Preise knapp wird.

- *Reines Abliefern der erzeugten Ware an einen traditionellen Abnehmer muß durch bewußtes Vermarkten ersetzt werden.*

Marktinformation als wichtiges Werkzeug

Eine wichtige Grundlage zur Selbstbehauptung auf dem Markt ist die Information:

- über Preise und ihre Gültigkeit und Vergleichbarkeit;
- allgemein über die herrschenden Wettbewerbsbedingungen;
- über Sicherheit und Unsicherheit der Marktbedingungen;
- über die Vermarktungs- und Beschaffungsalternativen.

Die Schwankungsbreiten der Ein- und Verkaufspreise sind groß. Diese Spielräume sind zur Sicherung und Entwicklung des eigenen Einkommens zu nutzen.
Marktinformation kann direkt einkommenswirksam sein. Jedenfalls kommt der Nutzung von Preis- und Marktberichterstattungen große Bedeutung zu. In Zukunft wird es möglicherweise neben den herkömmlichen agrarischen Medien und Informationsschienen neue Dienste mit modernen Technologien (z.B. EDV/Internet) geben. Sich damit auseinanderzusetzen oder gar aktiv daran zu beteiligen gehört auch zum Entwicklungsansatz Beschaffen und Vermarkten.
Information ist eine „Hol- aber auch eine Bringschuld". Informationssysteme sind nur so gut, wie sie gefüttert werden. Markt- und Preisinformationen als Betriebsmittelkäufer und Vermarkter agrarischer Waren in solche Systeme zu liefern sollte daher ebenfalls den marktorientierten Landwirt auszeichnen.

Gemeinsame Vermarktung wichtiger denn je

Die gemeinsame Vermarktung war immer ein wichtiger Ansatz, damit der Einzellandwirt am Markt nicht im Konzert der Mächtigen untergeht. Die gemeinsame Vermarktung formiert sich neu. Es entstehen neue Partnerschaften und Vermarktungsformen, die z.B. in Form der Erzeugerorganisationen (EO) von der EU sogar bewußt gefördert werden. Die EU sieht in leistungsfähigen Verarbeitungs- und Vermarktungseinrichtungen einen wichtigen Garant zur Absatz- und Erlössicherung der bäuerlichen Urproduktion.

Für den Einzelbetrieb ist unter solchen Voraussetzungen wichtig:

- *Daß er sich an solchen modernen Formen der gemeinsamen Vermarktung beteiligt, aber nicht als Trittbrettfahrer sondern aktives und verläßliches Mitglied;*
- *daß er in der gemeinsamen Vermarktung auf die richtige und zeitgemäße Organisation setzt, die vom Inhalt, den Zielsetzungen, dem agrarpolitischen Konzept und Management richtig liegt;*
- *daß er sich bewußt und aktiv an Organisation, Management und Entscheidungsfindung in den Organisationen der gemeinsamen Vermarktung beteiligt.*

Die Direktvermarktung als andere Alternative

Neben der organisierten gemeinschaftlichen Vermarktung gewinnt die Direktvermarktung immer mehr an Bedeutung. Sie bietet sich nicht als absolute Alternative zur organisierten gemeinschaftlichen Vermarktung an, sondern als besondere, eigene, unter bestimmten Umständen sinnvolle Variante. Die Direktvermarktung ist deshalb eine Chance:

- *Weil sie ein Gegenpol zur anonymen, unpersönlichen und zur Entfremdung zwischen Erzeugung und Konsum neigenden Vermarktung agrarischer Massenprodukte ist;*
- *weil sie den Strömungen in unserer Gesellschaft entgegenkommt, die wieder mehr auf Ökologie und überschaubare Systeme setzt;*
- *weil sie wieder direkte Bilder zwischen Produzenten und Konsumenten über Produkt und persönliche Beziehung transportiert;*
- *weil sie abgekoppelte Sondermärkte für Nischprodukte mit höherem Preisniveau zuläßt;*
- *weil die Betriebe aber trotzdem die Preisausgleiche und Förderungen des allgemeinen agrarpolitischen Systems erhalten.*

Diese Chance sollen bäuerliche Betriebe/Haushalte nutzen wenn die nachfolgenden Voraussetzungen stimmen:

- *nahe Märkte;*
- *richtige arbeitswirtschaftliche Einschätzung und Lösung;*
- *die Einhaltung der maßgeblichen Qualitäts-, Hygiene-, Vermarktungs- sowie Gewerberechtsnormen. Vor allem von dieser Seite gibt es Begrenzungen, auf die besonders geachtet werden muß, insbesondere wenn man in die Direktvermarktung viel investiert;*
- *die richtige Kalkulation der Verarbeitung- und Vermarktungskosten sowie die darauf aufbauende Preispolitik;*
- *Neigung und Kenntnisse zum Vermarkten, Vermarktungsgeschick sowie Mut zur Öffentlichkeitsarbeit als Einzellandwirt;*
- *Marketingwissen und -kenntnisse.*

WACHSEN UND INVESTIEREN

Wachstumsprozesse gibt es in der Agrarwirtschaft seit es Strukturwandel gibt. Strukturprozesse bewirken eine Neuverteilung von Produktionsfaktoren und Produktionsleistungen. Fläche, Tierbestände, Marktleistungen verteilen sich von kleineren hin zu größeren Unternehmenseinheiten. In der Statistik über die land- und forstwirtschaftlichen Betriebe Österreichs schlug sich dieser Prozeß beispielsweise zwischen 1980 und 1990 (zwischen den letzten Hauptbetriebszählungen) wie folgt nieder:

Tabelle 9: Veränderung der Betriebszahl zwischen 1980 und 1990

im Bereich Gesamtbetriebsfläche	verminderte sich die Zahl der Betriebe absolut um	vermehrte sich die Zahl der Betriebe absolut um
unter 2 ha	7033	-
von 2 ha bis 5 ha	7747	-
von 5 ha bis 10 ha	7371	-
von 10 ha bis 15 ha	4735	-
von 15 ha bis 20 ha	3694	-
von 20 ha bis 25 ha	1807	-
von 25 ha bis 30 ha	458	-
von 30 ha bis 50 ha	-	1979
von 50 ha bis 100 ha	-	1326
von 100 ha bis 200 ha	-	92
über 200 ha	-	79

Q: Betriebszählungen des ÖSTZA 1980 und 1990

Demnach nahmen in Österreich die Betriebe in den 10 Jahren zwischen den beiden Strukturvollerhebungen 1980 und 1990 bis zur einer „Wachstumsschwelle" von 30 ha Gesamtfläche Österreich ab. Durch die Flächenwanderung zu größeren Betrieben steigt die Anzahl der Betriebe über dieser Schwelle.

Dieser Prozeß hält auch weiter an. Allein zwischen 1990 und 1993 (dem Zeitraum zwischen der Betriebszählung 1990 und der jüngsten Agrarstrukturerhebung 1993) sank in Österreich die Zahl der Betriebe bis 30 ha Gesamtfläche weiterhin um rund 12.000 Betrieben. Im Gegenzug stieg die Zahl der Betriebe über dieser Wachstumsschwelle um ca. 1600 Betriebe.

Für welche Betriebe gibt es Wachstums- oder zumindest Chancen der Bestandessicherung? Wo lohnen sich Investitionen? Wo sind sie sinnvoll und wo nicht?
Die Antworten darauf muß für jede bäuerliche Haushalts- und Betriebssituation aus einer realistischen Sicht heraus gesucht und entwickelt werden. Weder sozialromatische Verbrämung noch schöne aber ökonomische wenig hilfreiche agrarpolitische Leitbilder in die eine oder andere Richtung sind dabei gute Helfer.
Es geht um grundlegende Entwicklungsentscheidungen, die sich um die Investitionsfragen und -entscheidungen ranken:

- ***Ob die Flächen, Gebäude, technische Ausstattung, die natürlichen Produktionsmöglichkeiten des Hofes ausreichende Einkommensmöglichkeiten für die Zukunft über den landwirtschaftlichen Erwerb allein bieten;***
- ***oder ob Investitionen in andere, ergänzende Erwerbsmöglichkeiten sinnvoller wären;***
- ***oder gar der bewußte Verzicht auf Investitionen, der Ausstieg aus dem landwirtschaftlichen Erwerb und die gezielte Vermögenssicherung längerfristig besser wären.***

Entscheidungen diese Art wurden und werden in der Landwirtschaft tagtäglich getroffen und zwar vor und nach dem EU-Beitritt. Seit dem EU-Beitritt werden Fragen in diese Richtung aber häufiger gestellt, weil sich durch die geänderten, verschäften Rahmenbedingungen z.B. die Wachstumsschwelle nach oben verschoben hat. Dieses Thema muß man zwischen den Polen Vorsicht einerseits und Notwendigkeit andererseits behandeln.
Zunächst die

Mahnung zur Vorsicht

Größe allein ist nicht immer entscheidend. Nicht die Flächenausstattung oder andere Betriebsgrößenmaße sondern noch andere Einflußfaktoren wie Alter des Betriebsführers, Ausbildungssstand, Erwerbsart und Haushaltsgröße/-struktur sind für die Existenzfähigkeit eines bäuerlichen Unternehmens mitentscheidend.
Wachstums- und Investitionsentscheidungen können bei einer umfassenden Änderung der Rahmenbedingungen besonders schwierig und riskant sein. Der EU-Beitritt hat die agrarwirtschaftliche Lage der österreichischen Landwirtschaft weitgehend verändert. Investitions- und Wachstumsschritte müssen deshalb besonders gut überlegt und geprüft werden.

- *Die Betriebsentwicklung läuft in der Realität auch nicht eindeutig zu ständig steigenden Mindestbetriebsgrößen von Vollerwerbsbetrieben, Betriebe wachsen eher zu Optimalgrößen für verschiedene Erwerbsarten.*

Diese These wollen wir etwas näher untermauern:
Für den Beobachtungszeitraum zwischen den letzten beiden Agrarvollerhebungen 1980 und 1990 wurde von der LWK-Steiermark die Entwicklung jedes einzelnen steirischen Betriebes durch einen EDV-gestützten Vergleich der für Wachstumsprozesse maßgeblichen Betriebsdaten von 1980 und 1990 testweise analysiert und die Betriebe demnach unterteilt in:

- **Wachstumsbetriebe:** Betriebe mit Flächenwachstum, Aufstockung des Tierbestandes oder Ausweitung in intensivere Betriebszweige. Ein Viertel der Betriebe vom Bestand 1990 ist in den zurückliegenden 10 Jahren von 1980 bis 1990 gewachsen.
- **Bestandserhalter oder Rückzieher:** Drei Viertel aller Betriebe hatten dagegen nur den Bestand gehalten oder Rückzugsstrategien verfolgt.

Vorwärtsschritte waren aber nicht allein großen Vollerwerbsbetrieben vorbehalten, sondern in unterschiedlichem Ausmaß den verschiedenen Betriebstypen und -größen.
Das macht die nachfolgende Grafik deutlich, in der aus der gleichen Datenquelle der Anteil der Betriebe mit Wachstumsschritten für verschiedene Betriebsgrößen (Meßzahl Standarddeckungsbeitrag Gesamtbetrieb) und Erwerbsarten dargestellt ist.

Abbildung 3: Betriebe mit Wachstumsschritten zwischen 1980/90 - Steiermark

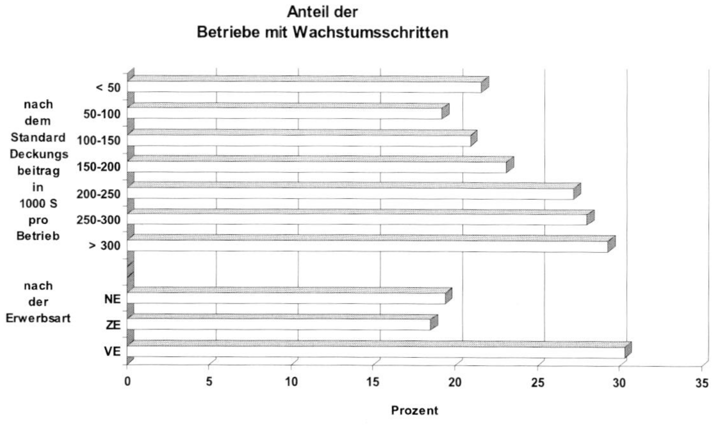

Die Grafik macht deutlich, daß Vorwärtsschritte nicht allen großen Vollerwerbsbetrieben vorbehalten sind sondern in unterschiedlichem Ausmaß den verschiedenen Betriebstypen und Betriebsgrößen. Von den Vollerwerbsbetrieben konnten im Beobachtungszeitraum zwar 30 % wachsen, von den Nebenerbwerbsbetrieben waren es aber nicht 0 sondern 20 %. Ein ähnliches Bild liefert die Analyse nach Betriebsgrößen: Von den Betrieben mit Standard-Deckungsbeiträgen von 200.000 S wuchsen 30 %, bei denen mit weniger als 50.000 S Standard-Deckungsbeitrag aber immerhin noch 1/5.
Mit diesem Zahlenmaterial soll untermauert werden, daß die Grenzen für Wachstums- und Entwicklungschancen nicht bei bestimmten sozialökonomischen Betriebstypen und einer bestimmten Betriebsgröße liegen. Sie sind von Betrieb und Haushalt verschieden und damit immer individuell zu prüfen.
Eine andere Begründung für notwendige Vorsicht, für überlegte und differenzierte einzelbetriebliche Prüfung der Wachstumschancen und - notwendigkeiten: Aus agrarischer Sicht leben wir in keiner „Gründerzeit", in der Glücksritter das große Los durch schnelle und riskante Wachstumsschritte ziehen können.

Sinnvolles Wachsen und Investieren basiert:

- *auf einer ausreichend stabilen Grundlage, vor allem Vermögens- und Eigenkapitalbasis eines bäuerlichen Unternehmens;*
- *auf einer genauen Prüfung der Finanzierbarkeit*
- *und der Einkommenswirksamkeit der Wachstums- und Investitionsvorhaben.*

Vor diesem Hintergrund ist es wichtig, die Entwicklungsfähigkeit, die Marktbedingungen der Sparte kritisch zu prüfen, bevor investiert wird. Praktiker der Betriebswirtschaft raten dazu **zuerst besser, dann größer** zu werden und sich bei Wachstumsschritten nicht zu verzetteln. Es soll gezielt, einer Spezialisierung folgend vorgegangen werden.
Außerdem müssen Wachstumsschritte arbeitswirtschaftlich bewältig werden. Was nützt die beste Investition, wenn die Familie danach zwar mehr Einkommen erwirtschaftet, aber die Arbeit nicht mehr bewältigt. Letztlich ist ja nicht mehr Fläche, Tiere oder Arbeit das Ziel, sondern mehr Einkommen.

Damit kommen wir zum zweiten Teil diese Kapitels, der

Notwendigkeit von Investition und Wachstum

Wer längerfristig seinen Betrieb weiterbewirtschaften will, muß investieren. Er muß **zunächst mit Ersatzinvestitionen** den Gebäude- und technischer Ausstattung im Bestand und funktionsfähig halten.

Ohne Ersatzinvestionen:

- *sind Bauten und Technik immer weniger funktionstüchtig, auf dem Stand der Technik,*
- *die Wertminderung bei den Investitionsgütern wird praktisch verkonsumiert, man lebt von der Substanz;*
- *der Betrieb wird zum Auslaufmodell.*

Wer seinen landwirtschaftlichen Betrieb längerfristig als Einkommensquelle nutzen will, muß **finanzierbare und wirtschaftliche Nettoinvestitionen** tätigen.

Nettoinvestionen sind solche, die über die übliche Abschreibung und damit über die reinen Ersatzinvestionen hinausgehen. Sie sind notwendig:

- *um den Anschluß beim technischen Fortschritt nicht zu verlieren;*
- *um den Betrieb als Standort und Erwerbsmöglichkeit über betriebliches Wachstum zu sichern;*
- *um jenes Einkommen aus dem Betrieb zu erwirtschaften, das auch den steigenden Einkommens- und Verbrauchserwartungen entspricht.*
- *sie können und sollen aber bewußt unterbleiben, wenn der Betrieb ausläuft und/oder andere Optionen sinnvoller sind.*

Investitionen müssen rentabel sein

Investitionen müssen mehr bringen als sie kosten. Jede Investitionsentscheidung und -planung muß von einer Kalkulation der Investitionskosten und Investitionsleistung und der Gegenüberstellung beider begleitet werden.
Zu den Kosten einer Investition zählen bei Fremdfinanzierung die Rückzahlungserfordernisse, die Zinsen sowie sonstige Kosten der Fremdkapitalbeschaffung. Für das Eigenkapital sind es der Zinsanspruch und die Wiedergewinnung des eingesetzten Eigenkapitals.
Als Leistung der Investition versteht man die Erhöhung des Deckungsbeitrages, den die Investition bewirkt.
Investieren kostet Geld. Dieses Geld kann eigenes (Eigenkapital) oder geborgtes (Fremdkapital) sein.

Eine Investition sollte mit:

- *möglichst viel Eigenkapital finanziert;*
- *möglichst viel eigener Arbeit und Eigenleistungen erstellt;*
- *wenn möglich über Förderungen mitfinanziert werden.*

Investitionen mit hohem und womöglich zu teurem Fremdkapitaleinsatz sind bei neuen Marktbedingungen und grundlegender Änderung der agrarpolitischen Rahmenbedingungen sehr risikoreich. Ist zudem der Kapitaldienst (Rückzahlung und Zinsen) neuer Schulden wegen der alten nicht mehr schaffbar, dann sollte eine zusätzliche Kreditbelastung unterbleiben und die Investition zurückgestellt werden.
Unter solchen Umständen wäre die Investion nicht Fortschritt sondern der Grund für eine nicht mehr schaffbare Schuldenbelastung. Sie könnte folgende Abwärtspirale in Gang setzen:

- immer höhere Schulden;
- immer stärkere Gläubigerabhängigkeit;
- sinkender Finanzierungs -und wirtschaftlicher Handlungsspielraum;
- Einschränkungen bei der Lebenshaltung;
- letztlich erzwungene Substanzminderungen (Grundverkäufe) und Betriebsaufgabe.

Investitionsförderungen machen die Finanzierung von Projekten leichter. Sie vermindern auch die Kosten einer Investition. Sie sollen aber nicht dazu verleiten, eine Investition nur wegen der Förderung vorschnell umzusetzen. Sie ist in jedem Fall auf ihre Wirtschaftlichkeit zu prüfen und im Zweifelsfall trotz Fördermöglichkeit zu unterlassen, wenn die Investition nicht wirtschaftlich ist.
Nun zu einigen speziellen Aspekten betrieblicher Wachstumsprozesse:

Flächenwachstum über Kauf und Pacht

Für eine Betriebserweiterung durch Flächenpacht oder Flächenzukauf gelten die allgemeinen Regeln für die Beurteilung einer Wachstumsinvestition:

- *Sie muß wirtschaftlich sein.*
- *Der Kauf von Flächen muß finanzierbar sein.*
- *Es sind vergleichsweise auch andere Alternativen der Einkommenssteigerung wie z.B. die Ertrags/Kostenoptimierung, die Kostensenkung, außerlandwirtschaftliche Optionen oder andere Wachstumsschritte zu prüfen.*

Die Zupacht ist eine der Möglichkeiten des Betriebswachstums über Flächen. In Österreich gibt es kaum Datenmaterial über die Entwicklung des Pachtmarktes: Tendenziell nimmt aber der Pachtanteil europaweit zu, weil sich im Zuge des Strukturwandels zwar Besitzer aus der eigenen Bewirtschaftung aber nicht aus dem Vermögensbesitz an Grund und Boden zurückziehen.
Bei den derzeitigen agrarpolitischen Rahmenbedingungen wurden eher Preissenkungen beim Produktionsfaktor Boden erwartet. Sie traten aber nicht ein, weil flächenbezogene Förderungen den Pachtpreis nach oben stützen oder über Förderbedingungen wie (z.B. die Vieh/Flächenrelationen) die Nachfrage nach Fläche verstärkt wird.
Die Pachtpreise entwickeln sich jedenfalls differenziert je nach lokaler Angebots- und Nachfragesituation und bei der Zupacht von Flächen sind die **wertbestimmenden Verhältnisse genau zu prüfen:**

- *Die Ertragskraft;*
- *die Grenzen und Möglichkeiten bei der Bearbeitung;*
- *die mögliche Pachtdauer (je länger desto eher können z.B. Förderungsverpflichtungen wie z.B. ÖPUL-Verpflichtungen eingegangen oder noch andere Betriebsveränderungen längerfristig geplant werden);*
- *die Möglichkeit der Pachtpreisanpassung an geänderte Bedingungen;*
- *letztlich der Nutzen der Zupacht, ausgedrückt im zusätzlichen Durchschnittsdeckungsbeitrag einer möglichen Fruchtfolge (im Fall der Veredlungproduktion diese mit in die Deckungsbeitragskalkulation einbezogen).*

Profis treffen eine Zupachtentscheidung nach der Ermittlung des sogenannten Grenzpachtpreises. Darunter versteht man jenen Pachtpreis, der unter bestimmten Umständen gerade noch gezahlt werden kann, wenn die Zupacht noch wirtschaftlich sein soll. Wie er ermittelt wird, zeigt die nachfolgende Tabelle, die die Rechenverfahren für den Grenzpacht- und Grenzkaufpreis vergleichsweise darstellen soll.

Tabelle 10: Ermittlungsverfahren Grenzpachtpreis bzw. Grenzkaufpreis

Position	Grenzpachtpreis	Grenzkaufpreis
	S/ha Ackerland bei mittlerem Ertragsniveau	S/ha Ackerland bei mittlerem Ertragsniveau
Fruchtfolgedeckungsbeitrag	7500	7500
Zinsanspruch für das Umlaufvermögen (Saatgut, Dünger, Pflanzenschutz, Treibstoff)	-200	-200
Erhöhung d. Sozialversicherung über d. Zupachtfläche	-1000	-1500
sonstige Gemeinkosten pro ha	-600	-600
Risikoabschlag	-1100	
Zwischensumme I		**5200**
ergibt Grenzpachtpreis I bzw. Grenzkaufpreis I	**4600**	**130000**
Lohnanspruch z.B. 10 Akh zu 120 S	-1200	-1200
Kosten von Folgeinvestitionen	-1800	-1800
Zwischensumme II		**3000**
ergibt Grenzpachtpreis II bzw. Grenzkaufpreis II	**1600**	**62000**

Q: Janetschek, Förderungsdienst 2/96

Diese Beispielsrechnungen dürfen nicht verallgemeinert werden. Sie sollen nur den Rechengang zur Ermittlung des Grenzpacht- und Grenzkaufpreises erklären. Für eine konkrete Entscheidung sind die betriebstypischen Verhältnisse und Möglichkeiten zu berücksichtigen.
Beim Flächenzukauf sind die gleichen Entscheidungskriterien maßgeblich. Er muß wirtschaftlich und zudem finanzierbar sein, wenn über die Wachstumsinvestition des Flächenzukaufs bessere Einkommensbedingungen erreicht werden sollen. Diese Gesichtspunkte werden beim Flächenkauf oft übersehen oder zurückgestellt. Oft spielen andere, teilweise über die reine Wirtschaftkeitsbetrachtung hinausgehende Gründe und Wertungen bei einer Grundankaufsentscheidung mit. Das schlägt sich auch in den Marktpreisen nieder, die zumeist über den Grenzkaufpreisen liegen.

Größere Tierbestände

Die Ausweitung der tierischen Produktion, die Bestandesausweitung ist eine weitere Wachstumsdimension. Die Statistiken über die

Konzentrationstendenzen in der tierischen Produktion zeigen, daß dieser Trend anhält.
Bestandesausweitung in der tierischen Produktion ist ein legitimer Wachstumsansatz aus wirtschaftlicher Notwendigkeit. Es geht um Festkostensenkung und Erschließung zusätzlicher Einkommenspotentiale.
Die Strategie der Bestandesausweitung in der tierischen Produktion ist allerdings auch mit Risken verbunden, sie setzt einen gut überlegten Wachstumspfad voraus und sollte erst dann in Angriff genommen werden, wenn alle Möglichkeiten zur Verbesserung der Produktionstechnik genutzt wurden.
Die Bestandesausweitung in der tierischen Produktion wird von verschiedenen Seiten auch begrenzt. Dieser Begrenzungen muß man sich bewußt sein, wenn man diesen Wachstumspfad überlegt:

- **Begrenzung der Vieh/Flächenrelation:** *Hier handelt es sich um eine ökologische Begrenzung, die möglicherweise in Zukunft immer stärker greift. Auf Dauer macht eine Ausweitung der tierischen Produktion nur dann Sinn, wenn der Betrieb auch über ausreichend Fläche verfügt. Als Schlüsselzahl sind 2 GVE/ha lw. Nutzfläche zu nennen. Von der Futtergrundlage und Düngerverwertung her wird die tierische Produktion immer stärker durch gesetzliche und förderungspolitische Vorgaben an die Flächenausstattung gebunden. Dieser Gesichtspunkt ist vor allem bei Wachstumsinvestitionen in der tierischen Produktion zu berücksichtigen. Wer zu wenig Fläche hat, sollte solche Wachstumsschritte in der tierischen Produktion nicht wagen.*
- **Bestandesobergrenzen aus gewerberechtlicher, steuerlicher Sicht:** *In Österreich wurden zwar wegen der neuen Wettbewerbsbedingungen die Grenzen des Viehwirtschaftsgesetzes angehoben. Indirekte Begrenzungen gibt es jedoch noch immer im gewerberechtlichen oder steuerrechtlichen Bereich.*
- **Tierschutzgesichtspunkte:** *Die Intensivtierhaltung in größeren Beständen wird immer mehr zum Angriffspunkt des organisierten Tierschutzes. Er findet in der Gesellschaft und damit in der Gestaltung der gesetzlichen Rahmenbedingungen immer mehr Gehör. Diese Dimension soll daher bei Wachstumsinvestitionen in der Tierhaltung berücksichtigt werden.*
- **Arbeitswirtschaftliche Grenzen:** *Wachstumsschritte in der tierischen Produktion sind nur dann sinnvoll, wenn sie auf Dauer arbeitswirtschaftlich bewältigt werden können. Was nützt der*

neue mit Vieh volle, größere Stall, wenn die Arbeitslast von der Familie langfristig nicht bewältigt werden kann.

- **Grenzen der Festkostensenkung:** *Ab einer bestimmten Grenze bringen Wachstumsschritte keine Senkung der Festkosten mehr. Sie sind daher auch von dieser Seite, vor ihrer Umsetzung auf ihre wirtschaftliche Sinnhaftigkeit zu prüfen.*
- **Beschränkungen der Förderungspolitik:** *Das Umweltpaket ÖPUL und die Investitionsförderung binden z.B. bestimmte Maßnahmen an die Einhaltung von Vieh/Flächenrelationen. Die Investitionsförderung gibt Mindeststandards in der Tierhaltung vor oder behält sich besondere Förderungsangebote für tierfreundliche Haltungsformen vor. Das Sonderförderungsprogramm Schweine/Geflügel unterstützt nur ausnahmsweise und zeitlich befristet Wachstumsinvestitionen in der österreichischen Veredelungswirtschaft (weil diese Strukturnachteile im europäischen Vergleich hat). Nach der Übergangszeit gibt es für die Veredelungswirtschaft bestenfalls Investitionsförderung für die Bestandessicherung, nicht mehr für die Bestandesausweitung.*

Quoten und Richtmengen

Eine andere Form von Wachstumsinvestitionen ist der Kauf von Milchquoten. Die Milchquote begrenzt nach dem derzeitigen EU-System die Produktionsmöglichkeit bei Milch. Sie wirkt aber nur dann begrenzend, wenn die allgemeine Anlieferungsentwicklung über die nationalen Limits hinausgeht und die sogenannten Superabgabe für die Überlieferungsmilch vorgeschrieben wird.
Das Lieferrecht innerhalb einer Quote stellt daher für den milchviehhaltenden Betrieb auf Wachstumspfad einen Wert dar. Ob allerdings die gezahlten Kaufpreise für Quoten immer wirtschaftlich gerechtfertigt sind, ist zu hinterfragen. Bevor Wachstumsinvestitionen in Milchquoten getätigt werden, sollte die Wirtschaftlichkeit dieser Investition vor folgendem Hintergrund geprüft werden:

- **Der herrschenden Milchpreisbedingungen.** *Wegen des sinkenden Trends nimmt die Wettbewerbskraft der Milchproduktion ab und damit auch der Grenzpreis für Quotenkauf- und Leasing.*
- **Den Preisen für Quotenkauf und -leasing:** *Die Quotenpreise müssen unter dem Grenzpreis für Leasing und Kauf liegen. Nur dann ist die Chance für die Wirtschaftlichkeit dieser Wachstumsinvestition gegeben.*

- **Der agrarpolitischen Diskussion über das Quotensystem:** *Das Milchquotensystem und seine Entwicklung sind in der EU Gegenstand agrarpolitischer Diskussionen. Sein Bestand ist nicht auf Dauer gesichert, weil es zwei agrarpolitische Strömungen gibt: Eine, die das Quotensystem abschaffen will und auf die Wettbewerbstärke und Wachstumsmöglichkeiten der eigenen, großstrukturierten Milchproduktion setzt. Eine andere, die das Quotensystem beibehalten aber weiterentwickeln will, weil die gemeinsam getragene Angebotsbegrenzung für alle wiederum bessere Preise und damit höhere Einkommen bringt. Diese Linie verfolgt auch die österreichische Agrarpolitik, weil sie die positiven Erfahrungen der österreichischen Richtmengenregelung in die EU miteinbringt.*
- **Der Wirtschaftlichkeit alternativer Betriebszweige:** *Je wettbewerbsstärker alternative Betriebszweige der Rinderhaltung in einem Betrieb sind, desto fragwürdiger ist der Kauf oder das Leasing von Milchquoten. Die Wettbewerbsstärke von alternativen Rinderhaltungsformen hängt aber von den betriebstypischen Verhältnissen ab.*
- **Der Wettbewerbsstärke der betriebseigenen Milchproduktion, vor allem der Milchleistung:** *Je höher die Milchleistung, desto eher ist ein Quotenkauf gerechtfertigt.*
- **Den Kosten von Stallerweiterungsinvestitionen,** *die zusätzlich zu tätigen sind*
- **Des Zeit- und Planungshorizonts,** *bis zu dem die Frage des Quotenkaufs angestellt werden soll: Die Investitionen in einen Milchquotenkauf können nicht auf einen zu langen Zeitraum umgelegt, abgeschrieben werden. Vor allem wegen der laufenden agrarpolitischen Diskussion über das EU-Milchquotensystem ist bei der Kalkulation eines Quotenkaufes ein kürzerer Zeitraum für deren Abschreibung zu berücksichtigen.*

Der Quotenkauf ist jedenfalls keine „sichere Geldanlage“, sondern eine Wachstumsinvestition mit Risiko, die genau kalkuliert werden soll.

DIE ERWERBS- UND EINKOMMENSBASIS VERBREITERN

Die Erwerbs- und Einkommenskombination ist für bäuerliche Haushalte eine Alternative zu rein betriebsbezogenen Ansätzen, insbesondere zu den betrieblichen Wachstumsschritten.

In der österreichischen Landwirtschaft hat die Erwerbs- und Einkommenskombination schon lange Tradition und einen bedeutenden Anteil am sozialökonomischen Erscheinungsbild. Über 70 % aller landwirtschaftlichen Betriebe werden heute schon im Zu- oder Nebenerwerb bewirtschaftet. Das produktionswirtschaftliche Gewicht ist geringer aber wachsend. Die Neben- und Zuerwerbsbetriebe bewirtschaften in Österreich rund 40 % der gesamten Ackerfläche, rund die Hälfte der Grünlandfläche und halten ca. 40 % des Schweine- und 40 % des Rinderbestandes.

Wenn die Möglichkeiten der landwirtschaftlichen Urproduktion nicht ausreichen, um die Einkommenserwartungen eines bäuerlichen Haushaltes zu erfüllen, muß die Einkommens/Erwerbsbasis verbreitert werden. Aus Sicht eines bäuerlichen Haushaltes geht es auch darum, sich möglichst gut am allgemeinen Wertschöpfungsmarkt zu behaupten.

Die nachfolgende schematische Darstellung soll die Ansätze und Möglichkeiten dazu illustrieren.

Abbildung 4: Die Erwerbs/Einkommensbasis verbreitern

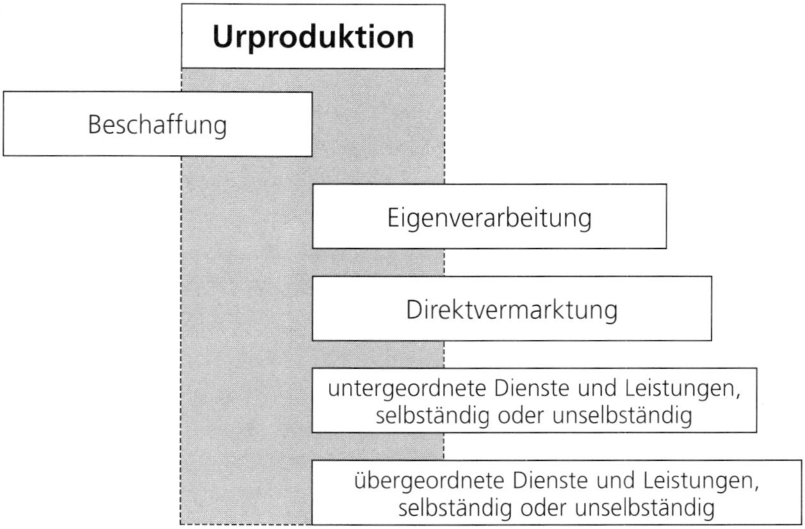

Diese schematische Darstellung zeigt, daß ein bäuerlicher Haushalt die Erwerb- und Einkommensbasis auf verschiedene Art und Weise verbreitern kann:

- Durch mehr Eigenleistungen und Erzeugung von Gütern, die man bisher zugekauft hat;
- durch weiterführende Be- und Verarbeitung der erzeugten Güter;
- durch die Vermarktung der Produkte ohne Zwischenstufen;
- durch weitere Dienste und Leistungen über die landwirtschaftliche Urproduktion hinaus, im untergeordneten oder übergeordneten Ausmaß, in selbständiger oder unselbständiger Tätigkeit.

Die Erwerbs- und Einkommenskombination ist keine einfache Sache. Sie erfordert eine spezielle Ausrichtung :

- ***auf die arbeitswirtschaftlichen Verhältnisse;***
- ***durch Konzentration auf das Wesentliche;***
- ***durch strenge Prüfung der Investitionen.***

Arbeitswirtschaft

Die Arbeitskapazität des bäuerlichen Haushalts ist begrenzt, vor allem wenn die Erwerbskombination auf Dauer ausgelegt ist. Die Arbeitsbelastung der gesamten Erwerbssituation muß tragbar sein. Die Betriebsorganisation ist daher an die gesamte Arbeitssituation des bäuerlichen Haushaltes auszurichten und nicht umgekehrt.
Die Arbeitswirtschaft ist bei der Erwerbskombination ein besonders kritischer und sorgsam zu planender Bereich. Beim Übergang zur Erwerbskombination werden zumeist die ohnehin knappen Arbeitskapazitäten in die neuen Bereiche umgelenkt. Es unterbleibt aber oft die Umstellung des landwirtschaftlichen Betriebes auf die neue arbeitswirtschaftliche Situation.
Viele bäuerlichen Familien erkaufen sich die Lösung von Einkommens- und Finanzproblemen mit einer beträchtlichen Minderung an Lebensqualität. Der landwirtschaftliche Betrieb wird so weiter geführt, als ob es keinen außerlandwirtschaftlichen Erwerb gäbe. Der Preis dafür ist hoch:

- gesundheitliche Probleme;
- familiäre Probleme;
- die Gefährdung einer allfälligen Hofnachfolge.

Nicht Vielarbeit ist wirtschaftlich, sondern überlegter Arbeitseinsatz. Die wichtigsten Ansätze in diese Richtung sind, die:

- **Umstellung auf Betriebszweige mit hoher Arbeitsproduktivität:** *Weil für die Bewirtschaftung eines Neben- und Zuerwerbsbetriebes vor allem der Faktor Arbeit knapp ist, soll dieser Produktionsfaktor für solche Betriebszweige bereitgestellt werden, bei denen pro eingesetzter Arbeitskraftstunde ein möglichst hoher Deckungsbeitrag erwirtschaftet wird.*
- **Spezialisierung auf einige wenige Betriebszweige:** *Vielseitige Wirtschaftsweise verzettelt die Arbeitskapazität. Die Spezialisierung ermöglicht dagegen auch auf kleineren Neben- und Zuerwerbsbetrieben größere Bearbeitungseinheiten und damit durchgängigere, weniger unterbrochene Arbeitsprozesse, wirtschaftliche, effizientere Arbeit.*
- **Investition in arbeitswirtschaftliche optimierte Technik**, *die aber natürlich auch allgemein wirtschaftlich sein muß.*
- **Gezielte Auslagerung von Arbeit**, *die z.B. über einen Maschinenring besser und kostengünstiger erledigt werden kann.*

Produktionstechnik und Spezialisierung

Buchführungsergebnisse weisen bei den Neben- und Zuerwerbsbetrieben auf schlechtere Ertrags/Aufwandrelationen hin. Bei den Haupterwerbsbetrieben machen die Einkünfte aus Land-und Forstwirtschaft (Buchführungsergebnisse 1995) 38 % des Unternehmensertrages aus, bei den Nebenerwerbsbetrieben aber nur 30 %. Das untermauert die Empfehlung zur Ausrichtung auf wenige, aber auch in Nebenerwerbsbetrieben gut geführte Betriebszweige.

Investieren im Neben- und Zuerwerbsbetrieb

Auch für Betriebe mit Erwerbs- und Einkommenskombination müssen Investitionen wirtschaftlich sein. Sparsames und überlegtes Investieren ist ein besonders wichtiger Grundsatz für Betriebe mit Erwerbskombination Investitionen in Gebäude, Maschinen, Vieh und Umlaufvermögen müssen mehr bringen als sie kosten.
Daß es hier vergleichsweise auf vielen Neben-und Zuerwerbsbetrieben nicht gut bestellt ist, zeigt die nachfolgende Tabelle, in der wichtige Kennzahlen zum Investitions-, Vermögens- und Finanzierungsbereich vergleichsweise präsentiert werden.

Tabelle 11: Investitionen, Schulden, Betriebsvermögen nach Erwerbsarten

Investitionen, Schulden, Betriebsvermögen in 1000 S/ha reduzierter landwirtschaftlicher Nutzfläche (RLN) nach Erwerbsarten		
Betriebstyp	Vollerwerbsbetriebe	Nebenerwerbsbetriebe
Investitionen	8,40	11,76
Betriebsvermögen	192	233
Schulden	20,10	26,90

Q: Grüner Bericht 1990

Betriebe mit Erwerbskombination vertragen keine hohen Festkosten. Investitionen in Maschinen und Geräte sind daher sehr gut zu prüfen.

Sie sind eher gerechtfertigt:

- *Wenn sie einem längerfristigen Konzept der Spezialisierung und arbeitswirtschaftlichen Ausrichtung des lw. Erwerbes dienen;*
- *wenn sie aus einer gesunden Eigenkapitalbasis heraus finanzierbar und wirtschaftlich sind.*

Sie sind nicht gerechtfertigt und zu hinterfragen:

- *wenn sie nur den Bestand einer arbeitswirtschaftlich schwierigen oder verzettelten Betriebsorganisation sichern;*
- *wenn ihr Sinn aus einer längerfristigen und realistischen Sicht der Familien- oder Haushaltssituation fragwürdig ist;*
- *wenn es schon Schulden gibt, und keine zusätzlichen Kapitaldienstverpflichtungen mehr bedient werden können;*
- *wenn es andere, wirtschaftlichere Alternativen z.B. zur Investition in die Eigenmechanisierung gibt.*

AUS DER LANDWIRTSCHAFT AUSSTEIGEN

Entwicklungschancen aus Haushalts- nicht allein Betriebssicht richtig einschätzen

Der Ausstieg aus der agrarischen Produktion ist kein gerne behandeltes Thema. Er ist aber Realität, seit es agrarischen Strukturwandel gibt. In einem Buch über wesentliche Anpassungsreaktionen und - erfordernisse an neue agrarwirtschaftliche Rahmenbedingungen soll diese Dimension nicht fehlen und offen behandelt werden. Eine realistische Beurteilung der Entwicklungschancen ist allemal sinnvoller, als Haushaltsentscheidungen auf der Grundlage von Illusionen, falschen Wunschbildern oder verdrängten Realitäten.

Rein betriebliche Sichtweisen beleuchten nur einen Teil der sozialen und wirtschaftlichen Realität. Für einen bäuerlichen Haushalt sind die gesamthaften Möglichkeiten und Wünsche seiner Mitglieder zu berücksichtigen, wenn es um die langfristige Entwicklung geht.

Weitermachen oder aussteigen – ein Generationen- und Ausbildungsproblem

Wichtigsten Weichenstellungen für Weiterbewirtschaftung, Einschränkung oder gar Einstellung des agrarischen Erwerbs durch einen bäuerlichen Haushalt fallen zumeist um Investitionsentscheidungen. Viel öfter sollten sie zusammen mit Ausbildungs- und Berufsfragen der nachfolgenden Generation überlegt und getroffen werden. Diese Zeit zählt zu den Schlüsselphasen der längerfristigen Erwerbsentwicklung einer bäuerlichen Familie.

Auch bei der Ausbildungs- und Berufwahl der nachfolgenden Generation kann es zu Fehlinvestitionen in Ausbildung und Ausbildungswege kommen Eine falsche Einschätzung der betrieblichen Entwicklungsmöglichkeiten oder ein eigentlich anders gelagerter Berufswunsch des potentiellen Hofnachfolgers kann zu besonderen Härten des Lebens führen wenn falsch getroffene Entscheidung über Jahre hinweg verdrängt und Lebensjahre und Geld in eine falsche betriebliche Entwicklungschance oder eine fragwürdige agrarische Zukunft des potentiellen Hofübernehmers investiert werden.

Ein geordneter und frühzeitiger Rückzug aus der agrarischen Produktion kann unter bestimmten Umständen die bessere Alternative sein. Er setzt allerdings voraus:

- **Mut, konsequent den eigenen Weg zu gehen** *und nicht den durch überkommene Wertordnungen erzwungenen. Der Ausstieg aus der Landwirtschaft wird da und dort noch immer als Schande oder Verrat an der bäuerlichen Welt gewertet. Zugegeben, nicht alles im Leben läßt sich in Geld messen: Nachhaltigkeit im Wirtschaften, geordnete, gute soziale Beziehungen, das Leben in und mit der Natur sind Werte, die bei so weitreichenden Entscheidungen des Erwerbes und der Existenz mitberücksichtigt werden müssen. Falsch verstandene, romantisch verbrämte Bauerntumsideologie kann aber fehlende agrarpolitische Angebote nicht ersetzen. Sie ist auch ist kein guter Ratgeber, wenn es um Fragen der längerfristigen Lebens- und Erwerbsplanung auf der Grundlage der realen Möglichkeiten geht.*
- **Klare Analyse vor allem der längerfristigen Haushalts- und Erwerbsentwicklung.** *Hier geht es nicht nur um eine betriebswirtschaftliche Analyse der betrieblichen Grenzen und Möglichkeiten. Aus der Sicht des bäuerlichen Haushaltes und aller seine Mitglieder müssen allen anderen, alternativen Erwerbsmöglichkeiten mitberücksichtigt werden. Nicht nur die aktuelle Situation, sondern vor allem die künftige Entwicklung ist zu berücksichten, die eigenen Lebensziele aber auch die Ausbildungswege und Lebensziele der Kinder.*
- **Planung des geordneten Rückzuges,** *vor allem der Vermögenssicherung.*
- **Systematische Umsetzung**

Vermögenssicherung

Bei einem geordneten Rückzug aus dem agrarischen Erwerb stehen die Sicherung des Vermögens, die soziale Absicherung, steuerliche Gesichtspunkte aber auch Erbschaftsfragen im Vordergrund.

Der bisher bewirtschaftete Betrieb stellt ein Vermögen dar. Es besteht aus Grund/Boden, Produktionsrechten (Quoten), Gebäuden, Maschinen/Anlagen, Vieh, Vorräten und Geld. Alle diese Vermögensbestände sollen entweder durch alternative Verwendung oder durch Vermögensumschichtung in andere sichere und/oder ertragsreiche Anlageformen erhalten werden.

Der Betriebe kann mit allem Zubehör und Rechten als Einheit verkauft werden. Das ist der weitreichendste und in einem Schritt realisierte Weg

der Vermögensumschichtung. Er kann nicht mehr revidiert werden und daher besonders umfassend zu überlegen und zu planen.
Es gibt aber auch andere, differenziertere Vorgangsweisen, um durch gezielte Einzelschritte das Vermögen optimal zu erhalten und durch alternative Veranlagungs- oder Nutzungsformen Vermögensrenten zu erwirtschaften.
Der Betrieb kann auch als Ganzes (Grund und Gebäude zusammen) verpachtet werden. Die Bindung an den Pachtpartner ist dann sehr eng.
Eine andere Variante ist es, Grund und Boden allein und differenziert in Teilen zu verpachten. Der Suche nach passenden Pachtpartnern und möglichst gutem Pachterlös ist so oder so ein wichtiges Kapitel einer geordneten Bewirtschaftungsaufgabe. Die richtige Form kann nur betriebsindividuell und von den regionalen Gegebenheiten des Pachtmarktes her gefunden werden.
Die Gebäude sind entweder Bestandteil der gesamtbetrieblichen Verpachtung oder des Verkaufes. Sie können aber auch einer alternativen Verwendung zugeführt werden. Gesonderte Vermietung, Umbau und Umnutzung sowie die Kosten der Erhaltung sind beispielsweise Themen, die sich in Zusammenhang mit der Sicherung oder Umwidmung von Gebäudevermögensbeständen stellen.
Letztlich geht es auch um Veranlagungsfragen, wenn Verkaufserlöse in neue, alternative Geldveranlagungen umzuschichten sind.

3
DIE FÖRDERSYSTEME

Im letzten Kapitel wenden wir uns den Fördersystemen zu, die unter EU-Bedingungen angeboten werden und rufen nochmals in Erinnerung, welche Förderpakete es derzeit gibt.

Tabelle 12: Die Förderpakete

	Die Förderpakete
1	**Fördermaßnahmen zum Ausgleich sinkender Agrarpreise**
	Kulturpflanzenausgleich
	Sonderprämie männliche Rinder
	Mutterkuhhaltungsförderung
	Förderung von Mutterschafen
2	**Umweltförderung (ÖPUL)**
3	**Ausgleichszahlungen für benachteiligte Gebiete**
4	**Förderungen zur Verbesserung der Agrarstruktur**
	einzelbetriebliche Investitionsförderung
	Jungunternehmerförderung
	Sektorplanförderung zur Förderung von Verarbeitung und Vermarktung
	Förderung der Erzeugergemeinschaften
5	**Regionalförderung**
6	**Förderungen im Übergangszeitraum**
	Lagerabwertungen
	degressive Ausgleichszahlungen

Dieser Gliederung folgend werden die einzelnen Förderangebot nachfolgend beschrieben.

DIE JÄHRLICHEN FÖRDERUNGEN AUF DAUER

KULTURPFLANZENAUSGLEICH

Einer der wichtigsten Beschlüsse der EU-GAP-Reform 1992 der war die Senkung der Preise für die landwirtschaftlichen Haupterzeugnisse. Die Kulturen sollten dadurch innerhalb der EU und auf dem Weltmarkt wettbewerbsfähiger und die in der Überschußverwertung teure Produktion zurückgenommen werden. Als Ausgleich dafür wurden die flächenbezogenen Direktzahlungen mit dem Namen Kulturpflanzenausgleich angeboten. Diese sogenannten Marktordnungsprämien werden ausschließlich von der EU gezahlt.

Prämien für nachfolgende Kulturen

Die Summe aller oben kulturpflanzenausgleichszahlungsfähigen Flächen wird „Basisfläche" genannt. Für folgende Kulturpflanzen bzw. Flächen gibt es Flächenprämien:

Getreide:

Als Getreidekulturen gelten Weichweizen (einschließlich Spelz/Dinkel), Hartweizen, Gerste, Hafer, Roggen, Triticale, Sorghum, Buchweizen, Hirse, Kanariensaat, Mais (einschließlich CCM, Zuckermais und Silomais).

Ölsaaten:

Dazu zählen Sojabohnen, Raps- und Rübsensamen, Sonnenblumenkerne, Öllein (nicht aber Faserlein).

Eiweißpflanzen:

Eiweißpflanzen im Sinne der Kulturpflanzenausgleichsregelung sind Erbsen, Ackerbohnen und Süßlupinen.

Stillegungsflächen

Zwei verschiedene Regelungen:

Im Kulturpflanzenausgleich gibt es zwei Regelungsformen:

Die allgemeine Regelung: Sie verlangt als Förderungsvoraussetzung die Stillegung eines bestimmten Flächenanteils. In diesem Fall gibt es neben der Prämie für Getreide und Mais eine Sonderprämie für die stillgelegte Fläche und erhöhte Förderungen für Ölsaaten, Eiweißpflanzen und Öllein.

Die Kleinerzeugerregelung: Sie betrifft Landwirte, die nur bis zu einer Basisfläche von 17,46 ha Prämien beantragen. Diese brauchen im Gegen-

satz zur allgemeinen Regelung keine Ackerfläche stillegen. Für sie gibt es nur die Einheitsprämie von 3.928 S, egal für welche Kulturpflanze die Prämie beantragt wird.
Die Wahlmöglichkeit zwischen Allgemeiner Regelung und Kleinerzeugerregelung besteht für jeden Landwirt:

- *Für Landwirte mit Prämienkulturen bis 17,46 ha wird es normalerweise die Kleinerzeugerregelung sein. Auf eigenen Antrag kann auch unter 17,46 ha Basisfläche die Normalerzeugerregelung beantragt werden (Konsequenz: Stillegung des entsprechenden Flächenanteils)*
- *Landwirte mit mehr als 17,46 ha Prämienkulturen (=Basisfläche) werden üblicherweise die Allgemeine Regelung beantragen. Auf eigenen Wunsch hin können sie aber auch die Kleinerzeugerregelung wählen. Die Konsequenz in diesem Fall: Der Antragsteller bekommt nur bis 17,46 ha Basisfläche Prämien, darüber hinaus nichts.*

Die Höhe des Kulturpflanzenausgleichs

Die Höhe des Kulturpflanzenausgleichs zeigt die nachfolgende Tabelle:

Tabelle 13: Höhe des Kulturpflanzenausgleiches in S/ha

Kulturpflanzenausgleich in S/ha		
Kultur	Allgemeine Regelung	Kleinerzeugerregelung
Getreide	3928	3928
Mais	3928	3928
Ölsaaten	6904	3928
Eiweißpflanzen	5674	3928
Öllein	7598	3928
Stillegung mit und ohne Produktion nachwachsender Rohstoffe	4976	3928

Diese Prämiensätze entsprechen dem Förderungangebot von 1997.

Die Förderungsvoraussetzungen

Die wichtigsten Förderungsvoraussetzungen für den Kulturpflanzenausgleich sind:

- *Die Mindestantragsfläche 0,3 ha je Kulturartengruppe (also Getreide, Ölsaaten oder Eiweißfrüchte);*
- *der einzelne Schlag muß mindestens 0,1 ha groß sein;*
- *Flächen, die vor dem 31.12.1991 als Dauergrünland, Dauerkulturen oder als Wald genutzt wurden oder nichtlandwirtschaftlichen Zwecken dienten, sind nicht ausgleichsberechtigt;*
- *die Flächen müssen ordnungsgemäß bewirtschaftet werden,*
- *bei Raps gibt es Vorschriften zum Saatgut;*
- *in der Normalerzeugerregelung muß Fläche stillgelegt werden.*

Flächenstillegung

Im Normalerzeugerfall ist es notwendig Ackerfläche stillzulegen. Damit soll Fläche aus der Produktion, das Angebot verknappt, der Verwertungsaufwand dafür vermindert und Preise letztlich wiederum erhöht werden. Im ersten Antragsjahr 1995 gab es drei Stillegungsformen mit unterschiedlichen Stillegungsprozentsätzen:

- *Die „Einfache Stillegung" mit einem Satz von 20 % der Basisfläche.*
- *Die sogenannte Garantierte Dauerbrache mit 20 %. Bei dieser und der vorhin erwähnten Einfachen Brache war ein höherer Stillegungsprozentsatz festgelegt, weil diese Stillegungsformen zumeist auf der ertragsschwächsten Fläche angelegt werden.*
- *Die sechsjährige Rotationsbrache bei einer Stillegung von 15 bis 19,9 % der Basisfläche. Bei der Rotationsbrache genügte der niedrigere Stillegungsprozentsatz weil die Stillegungsfläche die über alle Ackerflächen rotiert. Sie erfaßt im mehrjährigen Zyklus ertragsstarke und ertragsschwache Flächen.*

Weil die Flächenstillegung wirksam und die Marktentwicklung positiv war senkte die EU den Mindeststillegungssatz für die Ernte 1996 auf den einheitlichen Satz von 10 % und für 1997 auf 5 %. Damit entfällt die Notwendigkeit zur Wahl der betriebswirtschaftlich richtigen Stillegungsform. Diese förderungsbedingte Stillegung von Flächen heißt deshalb auch konjunkturelle Stillegung, weil es zumeist jährliche Anpassungen des notwendigen Stillegungsausmaßes gibt. Die wichtigsten Vorgaben für die Stillegung sind:

- *die Mindeststillegungsgröße von 0,3 ha;*
- *die Einhaltung des Stillegungszeitraumes vom 15. Jänner bis 31. August;*
- *die Selbstbewirtschaftung der stillgelegten Fläche mindestens 2 Jahre vor dem Beginn der Stillegung;*
- *die Einhaltung von pflanzenbaulichen Auflagen wie: kein Einsatz von Düngemittel und Pflanzenschutz, Begrünung der stillgelegten Fläche, Nutzungsverbot.*

Auf „Stillegungsflächen“ können unter Einhaltung bestimmter Auflagen nachwachsende Rohstoffe für den Nichtnahrungsmittelmarkt wie z.B. Raps angebaut werden.

DIE TIERPRÄMIENREGELUNG ALLGEMEIN

Mit dem Beitritt Österreichs zu EU hat unser Land die Agrarpolitik der EU und das dazu gehörige Förderkonzept übernommen. Kern dieser Reform war die Senkung der Preise für die landwirtschaftliche Schlüsselprodukte und im Gegenzug dazu das Angebot von Ausgleichszahlungen. Als Ausgleich wurden im tierischen Bereich ebenfalls Prämienangebote eingeführt:

- *die Sonderprämie für männliche Rinder (SMR);*
- *die Mutterkuhprämie;*
- *die Mutterschafprämie*

Die Tierprämien sind für jene Tierhaltungszweige ein Ausgleich, die nicht oder nur wenig von den Preissenkungen für Zukaufsfutter wegen der allgemeinen Preissenkungspolitik profitieren.

Tierprämien an Besatzdichten gebunden

Um auch in der tierischen Erzeugung die Produktion zurückzunehmen wurden die Tierprämien an die Besatzdichte je ha Futterfläche gebunden. Der limitierende Besatzdichtefaktor ist:

- *2 Prämiengroßvieheinheiten (GVE)/ha Futterfläche*

Dieses Limit begrenzt die Förderungsmöglichkeit eines Betriebes über die Tierprämien. Die für Tierprämie beantragten Tiere und auch die Milchkühe sind mit der verfügbaren Futterfläche in Beziehung zu setzen.
Die Umrechnungsfaktoren in Prämiengroßvieheinheiten (GVE) zeigt die nachfolgende Übersicht:

Tabelle 14: Umrechnung in GVE für die Tierprämienregelung

Umrechnung in GVE für die Tierprämienregelung	
Tierart:	GVE
Milchkühe	1
Mutterkühe	1
männliche Rinder über 2 Jahre	1
männliche Rinder von 6 Monaten bis 2 Jahren	0,6
Mutterschafe	0,15

Für die Besatzdichterechnung werden nur Tiere angerechnet, für die auch eine Prämie beantragt wird.
Ist auf einem Betrieb auch eine Milchreferenzmenge vorhanden, dann wird die Anzahl der Milchkühe (die rechnerisch für die Erzeugung der zugeteilten Milchrichtmenge erforderlich ist) von den maximal förderbaren GVE aufgrund der Futterfläche abgezogen. Pro Milchkuh wird in der Regel der österreichische Milchleistungsdurchschnitt von 4100 kg in Rechnung gestellt. Kann der Betrieb einen höheren Stalldurchschnitt nachweisen, dann wird dieser für die Berechnung des GVE-Wertes der Milchviehhaltung herangezogen.
In der Tierprämienförderung gibt es die sogenannte Kleinerzeugerregelung. Bis zu 15 Prämien-GVE wird kein Bezug zur Futterfläche hergestellt, es ist kein Futterflächennachweis notwendig. In diesem Fall kann z.B. für Silomais der Kulturpflanzenausgleich beantragt werden.
Eine Zusatzförderung gibt es auch in Form des sogenannten Extensivierungszuschlages. Bei einer Besatzdichte von weniger als 1,4 Prämien-GVE/ha Futterfläche gibt es zusätzlich 494 S je Prämientier, bei weniger als 1 Prämien-GVE/ha sogar 713 S. Durch geringfügige Zurückhaltung in der Prämienbeantragung oder Ausweitung der Futterfläche kann ein Extensivierungszuschlag bewußt ausgelöst werden.

SONDERPRÄMIE MÄNNLICHE RINDER

Für die Haltung von männlichen Rindern sind folgende Prämien vorgesehen:

- *eine einmalige Prämie von 1852 S pro Tier nach Erreichen eines Alters von 10 Jahren für Stiere;*
- *für Ochsen eine erste Prämie von 1491 S mit 10 Monaten und eine zweite Prämie in gleicher Höhe nach Erreichen eines Alters von 23 Monaten.*

Die Antragsvoraussetzungen sind:

- *Halteverpflichtung für die Tiere von 2 Monaten ab Antragstellung;*
- *die Tiere müssen zu Beginn des Haltezeitraumes mindestens 8 und dürfen höchstens 20 Monate alt sein;*
- *die Tiere für die zweite Prämiestufe müssen zu Beginn des Haltezeitraumes mindestens 21 Monate alt sein;*
- *die Anzahl an Tierprämien kann höchstens bis zur Futterflächengrenze, insgesamt aber nur bis zu maximal 90 Tiere pro Jahr und Betrieb gehen;*
- *die Tiere müssen mit Ohrmarken gekennzeichnet sein;*
- *sie müssen in einem Bestandsverzeichnis geführt sein.*

MUTTERKUHHALTUNGSFÖRDERUNG

Bei dieser Förderung müssen Tiere einer Fleischrasse angehören oder aus einer Kreuzung mit einer solchen hervorgegangen sein. Die in Österreich gängigen Rassen zählen zu den prämienfähigen Rassen. Für Milchspezialrassen wie Schwarzbunte, Holstein Friesian usw. können keine Mutterkuhprämien beantragt werden.

- ***Die Mutterkuhhaltungsprämie pro Jahr beträgt zusammen mit der nationalen Zusatzprämie 2400 S je Mutterkuh.***

Die Antragsvoraussetzungen für die Mutterkuhhaltungsförderung sind:

- ***Die Kühe müssen mit einer Ohrmarke gekennzeichnet sein;***
- ***sie müssen in einem Bestandesverzeichnis geführt werden;***
- ***es besteht eine Halteverpflichtung von mindestens 6 Monaten nach dem Tag der Antragstellung;***
- ***es dürfen keine Milch oder Milcherzeugnisse vermarktet werden (ausgenommen ist der Ab-Hof-Verkauf).***

Für Betriebe mit weniger als 120.000 Richtmenge gibt es eine Sonderregelung. In diesem Fall können auf dem Betrieb sowohl Milchkühe als auch Mutterkühe gehalten und für diese die Mutterkuhhaltungsprämie beantragt werden. Hier gibt es nähere Bestimmungen zur Milchverwendung und die Herdentrennung.

FÖRDERUNG VON MUTTERSCHAFEN

Die Mutterschafprämie wird für Schafe gewährt, die am Ende der Haltefrist mindestens 1 Jahr alt sind oder einmal gelammt haben.
Die Prämienhöhe wird Jahr für Jahr neu festgelegt und liegt in der Größenordnung von rund 350 S pro Tier, wenn schwerere Lämmer und knapp unter 300 S pro Mutterschaf, wenn leichtere Lämmer erzeugt werden. Es gibt Zusatzprämien für die Mutterschafhaltung in benachteiligten Gebieten. Die wichtigsten Förderungsvoraussetzung sind:

- *Die Mindestanzahl von 10 Mutterschafen;*
- *die Mindesthaltedauer von 100 Tagen ab der Antragsstellung.*

FÖRDERUNG DER UMWELTGERECHTEN LANDWIRTSCHAFT (ÖPUL)

Als Ergänzung zu den Preisausgleichsmaßnahmen können die Mitgliedsstaaten der EU nach der EU-Verordnung 2078 umweltgerechte Produktionsverfahren fördern. Diese Förderung wird von der EU mitfinanziert. Neben der ökologischen Zielsetzung strebt die EU mit solchen Programmen die Rücknahme der Produktion an, um sie besser den Bedürfnissen des Marktes anzupassen. Das Angebot soll zurückgenommen und der Bedarf der Konsumenten nach stärkerer ökologischer Ausrichtung der agrarischen Produktion befriedigt werden.

In Österreich wurde diese Fördermöglichkeit mit dem Österreichischen Programm zur Förderung einer umweltgerechten, extensiven und den natürlichen Lebensraum schützenden Landwirtschaft – ÖPUL umgesetzt. Dieses Programm läuft 5 Jahre von 1995–1999.

Die Ziele

Mit dem ÖPUL wird die Bewirtschaftung von landwirtschaftlichen Flächen und die Haltung von Tieren gefördert, wenn sie Folgendem dienen:

- *dem Schutz und der Verbesserung der Umwelt;*
- *dem Schutz des natürlichen Lebensraumes;*
- *dem Schutz von Landschaft;*
- *der Ressourcen;*
- *der Böden*
- *und der genetischen Vielfalt.*
- *Darüber hinaus verfolgt das ÖPUL-Programm auch das Ziel der Einkommenssicherung.*

Die Förderungsvoraussetzungen

Die wichtigsten Förderungsvoraussetzungen für die Beteiligung am ÖPUL sind:

- *Die eingebrachten Flächen müssen 5 Jahre nach den Förderungsvoraussetzungen bewirtschaftet und gepflegt werden. Bei manchen projektbezogenen Maßnahmen gibt es z.B. eine 20jährige Teilnahmeverpflichtung.*
- *Der landwirtschaftliche Betrieb muß mindestens 2 ha LN groß sein. Wenn mindestens 0,25 ha Spezialkulturen angebaut wer-*

den, reicht als Mindestbetriebsgröße 0,5 ha landwirtschaftliche Nutzfläche.

- *Pro Maßnahme muß die Mindestteilnahmefläche 0,3 ha betragen.*

Bisherige Teilnahme – Finanzierungsprobleme – Einstiegsstopp

Die Förderungsmöglichkeiten des ÖPUL wurden schon im ersten Teilnahmejahr 1995 sehr stark angenommen. Rund 180.000 Betriebe Österreichs beteiligten sich mit einer Fläche von 2,6 Mio. ha. Damit wurde rund 80 % der landwirtschaftlichen Nutzfläche Österreichs vom ÖPUL erfaßt.
Mit dieser intensiven ÖPUL-Beteiligung stieß man an die Grenzen der Finanzierbarkeit. Das ÖPUL war ursprünglich mit 5 Mrd. S budgetiert. Im ersten Beteiligungsjahr 1995 kostete es 7,4 Mrd. S und 1996 gar 8,4 Mrd. S. Das führte zur agrarpolitischen Entscheidung des Einstiegstopps. Er bedeutet:

- *Betriebe, die sich schon am ÖPUL beteiligten können dabeibleiben.*
- *Neuzutritte und Ausweitungen der erfaßten Flächen sind nicht mehr möglich.*
- *Einen Einstiegsmöglichkeit für neue Teilnehmer an der Biolandbauförderung.*
- *Ab 1997 ist bei einigen ackerbaubezogenen Maßnahmen das Förderungsangebot zurückgenommen, weil das Gesamtprogramm aus budgetären Gründen nur 7,4 Mia. S kosten darf.*

Auf diese Sachverhalte soll bewußt noch vor der Beschreibung des Förderangebotes hinwiesen werden, weil dadurch im ÖPUL der Spielraum für einzelbetriebliche Förderungsentscheidungen nur noch eingeschränkt ist.

- *In der Möglichkeit zum Neueinstieg beim Biolandbau;*
- *in der Sicherung der eingegangenen Bewirtschaftungsverpflichtungen über 5 Jahre hinweg, damit die bisher gewährte Förderung nicht zurückgezahlt werden muß;*
- *in der Sicherung der eingegangenen Bewirtschaftungsverpflichtungen durch neue Bewirtschafter, wenn Flächen z.B. durch Verkauf oder Verpachtung weitergegeben werden;*
- *in der Entscheidung über den Ausstieg aus der einen oder anderen ÖPUL-Maßnahme mit der Konsequenz der Förderungsrückzahlung.*

Die Einhaltung der Verpflichtungen für das OPUL-Programm wird umso wichtiger, je länger das Programm dauert. Es muß die Förderung von immer mehr Förderjahren zurückgezahlt werden, wenn die Verpflichtungen nicht eingehalten werden.

Art und Höhe der Förderung

Die Art und die Höhe der Förderung pro Jahr soll nachfolgend in Form der tabellarischen Übersicht des Bundesministeriums für Land- und Forstwirtschaft dargestellt werden.

Tabelle 15: Übersicht über die ÖPUL-Maßnahmen

Gesamtbetriebliche extensive Bewirtschaftungsformen		**Einzelflächenbezogene extensive Ackernutzung**	**Einzelflächenbezogene extensive Grünlandnutzung**
Elementarförderung 700 S/ha Grünland 500 S/ha Acker (geringer bei mehr als 100 ha Ackerland) **Biolandbauförderung** Ackerland 4500 S/ha Grünland 3000 S/ha Gemüse 6000 S/ha Obst 10000 S/ha Wein 10000 S/ha **Gesamtbetriebsverzicht auf bestimmte ertragssteigernde Betriebsmittel** Ackerland/Grünland Grünland 2000 S Ackerland 3000 S Spezialkulturen: Integrierte Produktion (IP) Obstbau 7000 S/ha IP Weinbau 8000 S/ha IP Zierpflanzenbau 5000 S/ha	**Extensive Grünlandbewirtschaftung in traditionellen Gebieten** 2500 S/ha Futterfläche **Abstockung des Viehbestandes** 2800 S/abgestockter GVE (Großvieheinheit) **Fruchtfolgestabilisierung** Winterbegrünung durch Zwischenfruchtbau 15 % der Ackerfläche begrünt, dann 900 S/ha für die begrünte Fläche und 450 S für die übrige Ackerfläche 25 % der Ackerfläche begrünt, dann 1400 S für die begrünte Fläche und 700 S für die übrige Ackerfläche 35 % der Ackerfläche begrünt, dann 1900 S für die begrünte Fläche	**Extensiver Getreidebau für den Nahrungsmittelbereich** 2400 S/ha **Verzicht auf bestimmte ertragssteigernde Betriebsmittel auf ausgewählten Ackerflächen** Verzicht auf: Wachstumsregulatoren 800 S/ha Fungizide 800 S/ha leicht lösliche Handelsdünger und Wachstumsregulatoren 2000 S/ha leicht lösliche Handelsdünger und chem.synthetische Pflanzenschutzmittel 2500 S/ha IP Gemüsebau 4000 S/ha Anmerkung: Diese Maßnahmen können im gleichen Jahr auf der Fläche nicht miteinander kombiniert werden.	**Verzicht auf leicht lösliche Handelsdünger und flächendeckenden chemischen Pflanzenschutz** 1600 S/ha GL bei mindestens 30 % der GL-Fläche des Betriebes 1800 S/ha GL bei mindestens 60 % der GL-Fläche des Betriebes **Einhaltung von Schnittzeitauflagen** Die Schnittermine werden bundesländerweise oder im Rahmen von Projekten festgelegt. Stufe 1 2500 S/ ha GL Stufe 2 3500 S/ ha GL

Besondere landschaftserhaltende Bewirtschaftungsformen und Sicherung der genetischen Vielfalt			Neuanlage und Erhaltung von Landschaftselementen
Erosionsschutz im Obstbau 0-11 % Hangneigung 2000 S/ha 11-22 % Hangneigung 3000 S/ha > 22 % Hangneigung 4000 S/ha **Erosionsschutz im Weinbau** 0-25 % Hangneigung 2000 S/ha 26-40 % Hangneigung 3000 S/ha 40-50 % Hangneigung 5000 S/ha > 50 % Hangneigung 7000 S/ha **Erosionsschutz im Ackerbau** bei Bodenbedeckung durch Anbau von Getreide in Mulchsaat oder Anbau von Mais in Schlitzsaat 500 S/ha **Haltung und Aufzucht gefährdeter Tierrassen** 2000 S/Kuh, Pferd 300 S/Schaf, Ziege	**Regionalprojekt mit Extensivierungseffekten** projektbezogen **Mahd von Steilflächen und Bergmähdern** 25-35 % Hangneigung 2000 S/ha 35-50 % Hangneigung 3000 S/ha >50 % Hangneigung 4000 S/ha **Alpungsprämie** Förderbare Almfläche = aufgetriebene RGVE 1200 S/ha Milchkuhweide 700 S/ha mit anderen Tieren bestoßene Almflächen	**Pflege ökologisch wertvoller Flächen** z.B. Streuobstwiesen, Feucht- und Trockenrasen projektbezogen **Anbau seltener landwirtschaftlicher Kulturpflanzen** 4000 S/ha Pflege von aufgegebenen forstwirtschaftlichen Flächen 4000 S/ha	**Landschaftselemente und Biotopflächen mit 20jähriger Stillegung** Ackerland bis 10.000 S/ha Grünland bis 9000 S/ha **Bereitstellung** von Flächen für ökologische Ziele Ackerland 5800 S/ha Grünland 4800 S/ha **Bereitstellung von Flächen für ökologische Ziele auf ausgewählten konjunkturellen Stillegungsflächen** 1200 S/ha zusätzlich zur GAP Stillegungsprämie

Die Maßnahmen können nach bestimmten Regeln miteinander kombiniert werden. Die nachfolgende Tabelle gibt Auskunft über die Kombinierbarkeit der ÖPUL-Maßnahmen. Ein (X) im Schnittpunkt von zwei Maßnahmen heißt, daß die beiden Maßnahmen auf der Einzelfläche kombinierbar sind.

Tabelle 16: Kombinierbarkeit der ÖPUL-Maßnahmen

die Maßnahme ist kombinierbar mit Maßnahme der Nr.	1 Elementarförderung	2 Biolandbau	3 Verz.ertr.steig.BM- GL	4 Verz..Bm-Acker	5 IP Obst	6 IP Wein	7 IP Zierpflanzen	8 Ext.GL-Bewirtschaftung	9 Fruchtfolgestabiliserung	10 Ext.Getreidebau	11 Verz.BM-Acker Einzefl.	12 IP Gemüse	13 GL-Einzelfl.Verzicht	14 Schnittzeitauflagen	15 Erosionsschutz Obst	16 Erosionsschutz Wein	17 Erosionsschutz Acker	18 Mahd von Steilflächen	19 Pflege ök.wertv.Flächen	20 Anbau selt.Kulturpflanz.	21 20 jä.Stillegung	22 Flächen für ökologische Ziele
1		x	x	x	x	x	x	x	x	x	x	x	x	x	x	x	x	x	x	x	x	x
2	x							x	x					x	A	A	x	x				
3	x							x						x				x				
4	x								x								x					
5	x														A							
6	x															A						
7	x																					
8	x	x	x										x					x				x
9	x	x		x						x	x	x										
10	x								x								x					
11	x								x								x					
12	x								x													
13	x							x						x				x				
14	x	x	x										x					x				
15	x	A			A																	
16	x	A				A																
17	x	x		x						x	x											
18	x	x	x					x					x	x								
19	x																					
20	x																					
21	x																					
22	x							x														

x = kombinierbar auf dieser Fläche

A = kombinierbar mit Abschlag

Dabei gibt es eine auf die Einzelfläche bezogen Prämienobergrenzen. Diese sind für:

◆ Ackerland	8500 S
◆ Grünland	9500 S
◆ Dauerkulturen	14000 S

AUSGLEICHSZAHLUNG FÜR BENACHTEILIGTE GEBIETE

Die Ausgleichszulage für benachteiligte Gebiete ersetzt seit dem EU-Beitritt die bisherigen österreichischen Direktzahlungssysteme für das Berggebiet (Bergbauernzuschuß) bzw. die sonstigen benachteiligten Gebiete. Das neue Ausgleichszulagensystem wird gemeinschaftlich finanziert und nach den EU- Regeln der sogenannten Effizienzverordnung angeboten.
Die wichtigste Zugangsvoraussetzung ist die Lage des Betriebes in einem von der EU anerkannten natürlich benachteiligten Gebiet. Die natürlich benachteiligten Gebiete wurden seit dem Beitritt nach EU-Regeln gemeindeweise neu abgegrenzt.
Es gibt in der EU drei Gebietstypen für natürlich benachteiligte Gebiete:

- *das Berggebiet;*
- *die sonstigen benachteiligten Gebiete;*
- *kleine Gebiete.*

Die Abgrenzung erfolgt nach Kriterien natürlicher Bewirtschaftungserschwernis wie z.B. Hanglage, Seehöhe, natürlicher Ertragskraft des Bodens. Insgesamt wurden in Österreich rund 80 % der Gesamtfläche einem der vorhin erwähnten Gebietstypen zugeordnet. Damit sind fast 70 % der landwirtschaftlichen Nutzfläche Österreichs in Programmgebieten für natürliche Bewirtschaftungserschwernisse erfaßt.
Die Ausgleichszulage für benachteiligte Gebiete ist der wichtigste Förderungsansatz, der auf diesen Programmgebieteabgrenzungen (Gebietskulissen als Fachbegriff) aufsetzt.

Die wichtigsten Zugangsvoraussetzungen zur Ausgleichszulage sind:

- *Lage im benachteiligten Gebiet;*
- *ganzjährige Betriebsbewirtschaftung;*
- *mindestens 3 ha landwirtschaftliche Nutzfläche;*
- *2-monatige Halteverpflichtung für das beantragte Vieh.*

Die Ausgleichszulage wird im Fall der Rinder- Schaf-, Ziegen oder Pferdehaltung (also der rauhfaserverzehrenden Tiergattungen) nach dem Umfang des Tierbestandes berechnet. Der maßgebliche GVE-Schlüssel lautet:

Tabelle 17: GVE-Schlüssel für die Ausgleichszahlung

GVE-Schlüssel für die Ausgleichszahlung	
Tiergattung	GVE
Pferde ab 6 Monate	1
Jungrinder ab 6 Monate bis 2 Jahre	0,6
Rinder ab 2 Jahre	1
Schafe (weiblich) ab 12 Monate	0,15
Mutterschaft (bereits 1 x gelammt)	0,15
Mutterziegen ab 12 Monate	0,15
Mutterziegen (bereits gekitzt)	0,15

Dabei wird aber auch eine Relation zur verfügbaren Futterfläche hergestellt. Die Ausgleichszulage wird höchstens für 1,4 GVE/ha Futterfläche gewährt.

Außer im Fall der Viehhaltung wird die Ausgleichszulage nach der bewirtschafteten Fläche berechnet. Für folgende Flächen kann keine Ausgleichszulage gewährt werden:

- *Brotgetreidefläche;*
- *Flächen für die Erzeugung von Äpfel, Birnen, Pfirsichen in Vollpflanzung, die größer als 0,5 ha sind;*
- *Stillegungsflächen;*
- *Weinbauflächen;*
- *Zuckerrüben und Intensivkulturenflächen;*

Die Förderung wird mit zunehmenden Tierbestand bzw. Förderfläche je Betrieb nicht unbegrenzt gewährt. Fördereinheiten über 90 (GVE oder ha) werden nicht mehr berücksichtigt

Die Höhe der Ausgleichszulage je GVE bzw. je ha richtet sich nach der Zone (Erschwerniskategorie).

Tabelle 18: Ausgleichszulage nach Zonen

Höhe der Ausgleichszulage nach Zonen	
Kategorie (Zone)	S/Einheit = GVE oder ha
Basiskategorie	1000
Kategorie 1	1300
Kategorie 2	1700
Kategorie 3	1700
Kategorie 4	2412

Es gibt unterschiedlich hohe Abschläge (=Degression) bei den Fördersätzen je nach Zone und Betriebsgröße. Zum Beispiel wird nur noch gewährt in der Zone 1:

- ab 40 ha bzw. GVE 75 % des vollen Betrages 1300 S/Einheit;
- ab 50 ha bzw.GVE 50 % des vollen Betrages 1300 S/Einheit;
- und ab 60 GVE bzw. ha 25 % des vollen Betrages 1300 S/Einheit

Die Wahrungsregelung

Als Besonderheit wurde Österreich für eine 10-jährige Übergangsfrist die Wahrung alter Direktzahlungsrechte zugestanden. Wenn für einen Förderungswerber die alten Direktzahlungsregeln mehr ergeben als das Ausgleichszulagensystem kann aus nationalen Mitteln auf das alte Förderniveau aufgezahlt werden. Dieses System wird Wahrungsregelung genannt.
Die Ausgleichszulage für benachteiligte Gebiete und die Wahrungsregelung wird über das Mehrfachantragssystem beantragt.

INVEKOS – DAS VERWALTUNGS- UND KONTROLLSYSTEM FÜR DIE ABWICKLUNG

Mit der Einführung der Flächen- und Tierprämien hat die EU die Mitgliedsstaaten auch zu einem sogenannten Integrierten Verwaltung- und Kontrollsystem (INVEKOS) verpflichtet. Die Elemente dieses Systems sind:

- *Der EDV-Einsatz mit modernen Systemen der Datenhaltung und -führung;*
- *ein System zur Identifizierung der landwirtschaftlichen Flächen und Tiere, damit diese nur einmal und eindeutig in der Förderung angegeben und überwacht werden können;*
- *ein zusammenfassendes Antragssystem;*
- *ein integriertes Kontrollsystem.*

In Österreich wird das INVEKOS-System angewendet und eingesetzt für:

- *Den Kulturpflanzenausgleich;*
- *das Umweltprogramm ÖPUL;*
- *die Ausgleichszahlung für benachteiligte Gebiete;*
- *die Tierprämien;*
- *die Degressiven Ausgleichszahlungen in der Übergangszeit.*

Mit den INVEKOS-Systemvorgaben übt die EU einen beträchtlichen Druck auf die Mitgliedsstaaten zur genauen und kontrollierten Förderungsabwicklung aus. Fehler und Mißachtung der Vorgaben werden mit sogenannten Anlastungen (mit empfindlichen Geldstrafen) geahndet, die sich natürlich jeder Mitgliedsstaat ersparen will. Das erklärt den beträchtlichen Kontrollaufwand und den Bürokratiedruck, der mit den neuen EU-Förderungen verbunden ist.
Jede Förderungsabwicklung im Rahmen dieses Gesamtssystems besteht grob unterteilt aus den folgenden Abwicklungsschritten:

- **Der Vorbereitung** *(Richtlinien erstellen und veröffentlichen, Formulare entwickeln, drucken und verteilen, EDV-Programme erstellen, Informationsmaterial erstellen, Handlungsanweisungen für alle betroffenen Stellen verfassen und verteilen);*
- **den Erhebungsarbeiten** *(Landwirte informieren und beraten, Ausfüllhilfe, Antragsentgegennahme, EDV-Eingabe der Antragsdaten);*
- **der Überprüfung** *(Überprüfung der Antragsdaten zumeist mit Hilfe der EDV);*

- **der Bearbeitung** *(Berechnung der Förderungsbeträge, automationsunterstützte Auszahlung, Verständigung der Förderungswerber);*
- **der Nachbearbeitung** *(Bearbeitung von Einsprüchen, Statistiken, Nachweise über die Mittelverwendung).*

In Österreich erfolgt die Abwicklung arbeitsteilig:

- *Die Vorbereitungsarbeiten besorgen das Bundesministerium für Land-und Forstwirtschaft und die AMA (Agrarmarkt Austria);*
- *die Erhebungsarbeiten machen die Landwirtschaftskammern;*
- *Überprüfung, Bearbeitung, Auszahlung und Nachbearbeitung sowie Kontrolle obliegen wiederum der AMA (Agrarmarkt Austria).*

DER MEHRFACHANTRAG

Die flächenbezogenen Förderungen werden alljährlich mit dem sogenannten Mehrfachantrag beantragt. Es handelt sich dabei um ein Antragssystem, das die verschiedensten flächenbezogenen Förderformen und Antragsdaten in einem Antrag zusammengefaßt. 1995 gab es das erste Antragsverfahren dieser Art. 1996 wurde es weiterentwickelt und besteht seither aus folgenden Formularteilen:

Tabelle 19: Teile des Mehrfachantrages

Die Teile des Mehrfachantrages	
Formularteil	braucht...
Mantelbogen - Stammdatenblatt	jeder Antragsteller
Mantelbogen - 2.Blatt	jeder Antragsteller
Beilage F	jeder Antragsteller
Flächennutzungsliste	jeder Antragsteller
Tierliste	jeder Tierhalter
ÖPUL-Teil B	jeder, der ÖPUL-Maßnahmen des Teiles B beantragt
Almauftriebsliste	jeder, der eine Alm bewirtschaftet
Gemeinschaftsweide-Auftriebsliste	jeder, der eine Weidefläche außerhalb des Almgebietes bewirtschaftet, die flächenmäßig nicht nur einem Förderwerber zuzuordnen ist
Beiblatt Gemüse	jeder, der degressive AZ Gemüse beantragt
ÖPUL-Haltung gefährd. Tierrassen	jeder, der Tiere gefährdeter Tierrassen hält und die zugehörige ÖPUL-Förderung beantragt
Anmeldung zur Neuaufforstung	jeder, der eine Förderung in diese Richtung anmelden will

Die Förderungswerber bekommen alljährlich am Beginn des Antragsverfahrens von der AMA die Formblätter zugeschickt. Darin sind Förderdaten aus dem Vorjahren vorgedruckt.

Die Auseinandersetzung mit dem Mehrfachantrag ist wichtig. Man soll den Antrag genau und ohne Fehler stellen, weil sich oft kleine Fehler fatal in der Förderung auswirken können. Die Antragsarbeit und die Genauigkeit zahlen sich aus. Es geht bei jedem Betrieb um tausende Schilling und einen bedeutenden Einkommensteil.

Auf das Zusammenwirken der Flächenförderungen achten

An dieser Stelle soll auf das Zusammenwirken der flächenbezogenen Förderungen hingewiesen werden. Auf die Einzelfläche wirken viele Förderungen gemeinsam. Ein Förderpaket schließt das andere nicht aus. Für eine Getreidefläche kann beispielsweise gewährt werden:

- Der Kulturpflanzenausgleich;
- die zugehörigen degressiven Ausgleichszahlungen in der Übergangzeit;
- verschiedenen kombinierbare Umweltförderungen bis zu einer Obergrenze, die speziell in der Umweltförderung für die Einzelfläche festgelegt ist;
- die Ausgleichszahlung für benachteiligte Gebiete.

Das Zusammenwirken der verschiedenen Förderungen erfordert eine gesamthafte Sicht aller Förderaspekte, um die Förderung zu optimieren. Ansätze zur Optimierung der Förderung sind:

- ***Die Wahl der richtigen Anbaukombination bei den Ackerfrüchten, um die Produktion aus der Gesamtschau Deckungsbeitrag Förderprämien optimal zu wählen;***
- ***die richtige Wahl zwischen den Alternativen Klein- und Normalerzeuger nach der Kulturpflanzenausgleichsregelung;***
- ***die Wahl der richtigen Stillegungsform bei der Normalerzeugerregelung. Diese Fragestellung verlor aber an Bedeutung, weil es nur noch einen Stillegungsprozentsatz und keinen unterschiedlichen je nach Stillegungsform (Rotationsbrache, einfache oder Dauerbrache) gibt.***

Auf diese Gesichtspunkte ist zu achten, wenn der Mehrfachantrag für einen Betrieb ausgefüllt wird.
Aus welchen Formularteilen er besteht soll nachfolgend nach dem Stand von 1997 grob beschrieben werden. Es kann von Jahr zu Jahr Änderungen im Formularset geben.

Das Stammdatenblatt

Das Stammdatenblatt nimmt die grundlegenden Informationen zum Betrieb und zum Bewirtschafter auf. Es sind die tatsächlichen Bewirtschaftungsverhältnisse am Tag der Antragstellung maßgeblich. Bei einem Wechsel der Bewirtschaftung ist eine spezielle Beratung von der Kammer sinnvoll Normalerweise sind im zugeschickten Antrag die Stammdaten vorgedruckt. Sie sind zu überprüfen und bei Bedarf auf den aktuellen Stand zu bringen.

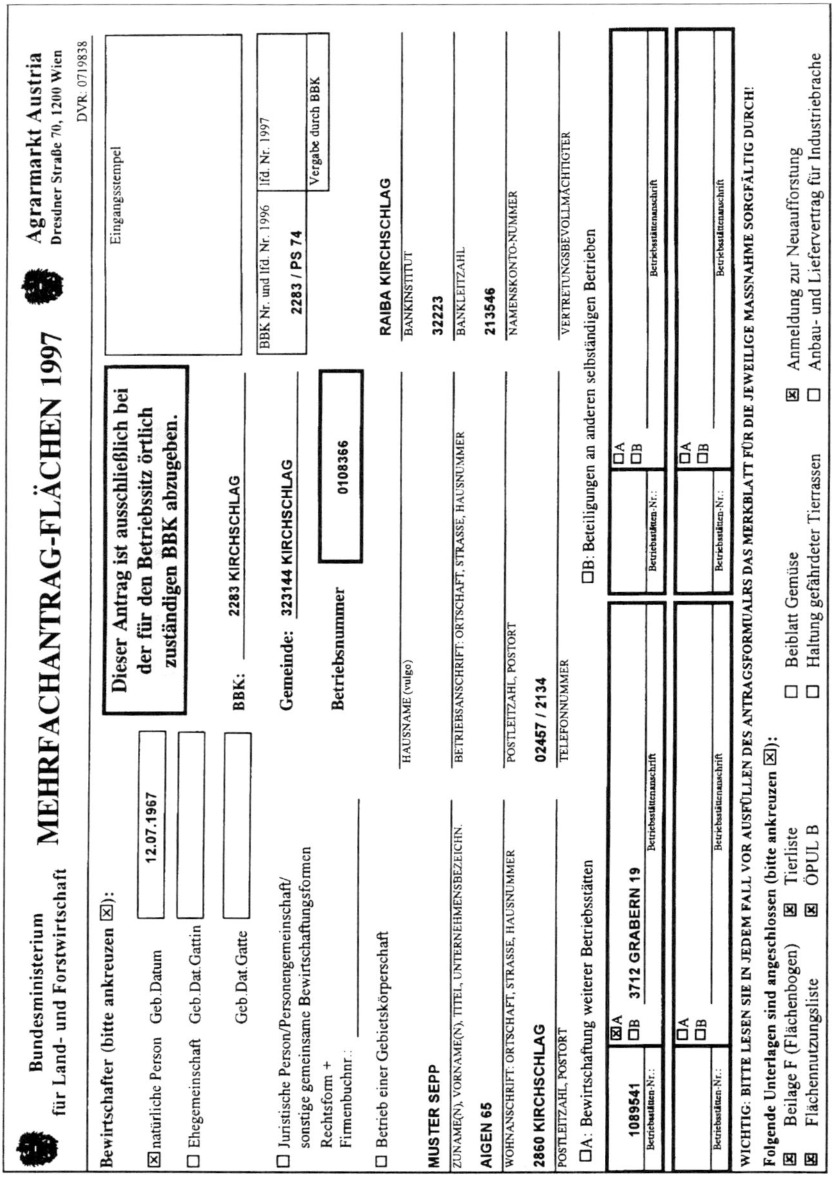

Bundesministerium für Land- und Forstwirtschaft

MEHRFACHANTRAG-FLÄCHEN 1997

Agrarmarkt Austria
Dresdner Straße 70, 1200 Wien

DVR: 0719838

Bewirtschafter (bitte ankreuzen ☒):

☒ natürliche Person Geb.Datum 12.07.1967

☐ Ehegemeinschaft Geb.Dat.Gattin

Geb.Dat.Gatte

☐ Juristische Person/Personengemeinschaft/ sonstige gemeinsame Bewirtschaftungsformen

Rechtsform + Firmenbuchnr.:

☐ Betrieb einer Gebietskörperschaft

Dieser Antrag ist ausschließlich bei der für den Betriebssitz örtlich zuständigen BBK abzugeben.

Eingangsstempel

BBK: 2283 KIRCHSCHLAG

BBK Nr. und lfd. Nr. 1996	lfd. Nr. 1997
2283 / PS 74	Vergabe durch BBK

Gemeinde: 323144 KIRCHSCHLAG

Betriebsnummer 0108366

MUSTER SEPP		RAIBA KIRCHSCHLAG
ZUNAME(N), VORNAME(N), TITEL, UNTERNEHMENSBEZEICHN.	HAUSNAME (vulgo)	BANKINSTITUT
AIGEN 65		32223
WOHNANSCHRIFT: ORTSCHAFT, STRASSE, HAUSNUMMER	BETRIEBSANSCHRIFT: ORTSCHAFT, STRASSE, HAUSNUMMER	BANKLEITZAHL
2860 KIRCHSCHLAG		213546
POSTLEITZAHL, POSTORT	POSTLEITZAHL, POSTORT	NAMENSKONTO-NUMMER
	02457 / 2134	
	TELEFONNUMMER	VERTRETUNGSBEVOLLMÄCHTIGTER

☐ A: Bewirtschaftung weiterer Betriebsstätten ☐ B: Beteiligungen an anderen selbständigen Betrieben

Betriebsstätten-Nr.:	A/B	Betriebsstättenanschrift	Betriebsstätten-Nr.:	A/B	Betriebsstättenanschrift
1089541	☒ A ☐ B	3712 GRABERN 19		☐ A ☐ B	
	☐ A ☐ B			☐ A ☐ B	

WICHTIG: BITTE LESEN SIE IN JEDEM FALL VOR AUSFÜLLEN DES ANTRAGSFORMULARS DAS MERKBLATT FÜR DIE JEWEILIGE MASSNAHME SORGFÄLTIG DURCH!

Folgende Unterlagen sind angeschlossen (bitte ankreuzen ☒):

☒ Beilage F (Flächenbogen) ☒ Tierliste ☐ Beiblatt Gemüse ☒ Anmeldung zur Neuaufforstung

☒ Flächennutzungsliste ☒ ÖPUL B ☐ Haltung gefährdeter Tierrassen ☐ Anbau- und Liefervertrag für Industriebrache

Abbildung 5: Das Stammdatenblatt des Mehrfachantrages

Das 2. Blatt

Am zweiten Blatt des Mehrfachantrags wird durch Ankreuzen der jeweiligen Förderformen und Unterschrift des Förderungswerbers der Antragswille ausgedrückt. Besondere Sorgfalt und Überlegung ist hier gefragt. So manches fehlende oder falsch gesetzte Kreuz führte zum Verlust tausender Förderschillinge.

Antrag auf folgende Beihilfen (bitte ankreuzen☒):

0108366

Betriebsnummer

☒ **Kulturpflanzenausgleich gemäß VO 1765/92**
- ☒ nach der **Kleinerzeugerregelung** (ohne Stillegung)
- ☐ nach der **Allgemeinen Regelung** (mit Stillegung)

☐ **EU-Hartweizenprämie**
☒ **Degressive Ausgleichszahlung für landwirtschaftliche Kulturpflanzen**
☐ **Degressive Ausgleichszahlung für Futtersaatgut**
☐ **Produktionsbeihilfe im Kartoffelbau**
☐ **Übergangsbeihilfe für Stärkekartoffel**
☐ **Degressive Ausgleichszahlung für Alternativkulturen**
☐ **Beihilfen für Körnerhülsenfrüchte gemäß VO 762/89**
☐ **Degressive Ausgleichszahlung für Obst und Gemüse**
☐ **Neuaufforstung gemäß VO 2080/92**
☐ **Pflege der beantragten Neuaufforstungsflächen**
☒ **Ausgleichszulage für Benachteiligte Gebiete**
und
Nationale Beihilfe (= Wahrungsregelung)
- ☐ Alterspension

	Nein	Ja	
Außerlandwirtschaftliches Einkommen (Bereinigter Jahresbruttobezug inkl. Ehegatten bzw. Lebensgefährten)	☐	☒	Betrag: öS 123.000,00
Außerlandwirtschaftlicher Umsatz (Laut letztgültigem Umsatzsteuerbescheid)	☐	☐	Betrag:

Bei Nationaler Beihilfe und Degr. Ausgleichszahlung für Gemüse angeben!

Letztgültiger land- u. forstwirtschaftlicher Einheitswert Betrag: öS 45.000,00

☐ Ich bin nicht damit einverstanden, daß meine Stammdaten auch für den Bereich der Milchreferenzmenge herangezogen werden.

Ich bestätige mit meiner/meines Bevollmächtigten Unterschrift, daß ich alle Angaben mit bestem Wissen gemacht und die umseitigen **Verpflichtungserklärungen** als verbindlich zur Kenntnis genommen habe.

Kirchschlag
am 6. Mai 1997 — Sepp Muster
Ort, Datum — Unterschrift der(des) Antragsteller(s)/Vertretungsbevollmächtigten[1]

☒ **Österreichisches Umweltprogramm gemäß VO 2078/92 (ÖPUL A)**
- V95 ☒ Elementarförderung
- ☐ Biologische Wirtschaftsweise
  - ☐ Nur ein Teilbetrieb wird biologisch bewirtschaftet (Code B)
- V95 ☒ Verzicht auf ertragssteigernde Betriebsmittel im Acker- und Grünland (Gesamtbetrieb)
- ☐ Integriert kontrollierter Obstbau
  - ☐ Herbizidverzicht
- ☐ Integriert kontrollierter Weinbau
- ☐ Integrierter Zierpflanzenbau
- ☐ Extensiver Getreideanbau (Code EG)
- ☐ Verzicht auf Wachstumsregulatoren (Code V1)
- ☐ Verzicht auf Handelsdünger und Wachstumsregulatoren (Code V2)
- ☐ Verzicht auf Handelsdünger und Pflanzenschutzmittel (Code V3)
- ☐ Verzicht auf Fungizide (Code V4)
- ☐ Verzicht auf Pflanzenschutzmittel (Code V5)
- ☐ Integrierte Gemüseproduktion (Code V6)
- ☐ Verzicht auf Handelsdünger und Pflanzenschutz auf einzelnen Grünlandflächen (Code H)
- ☐ Fruchtfolgestabilisierung Herbst 1997
  - ☐ Stufe 1 (15%) ☐ Stufe 2 (25%) ☐ Stufe 3 (35%)

☐ **Österreichisches Umweltprogramm gemäß VO 2078/92 (ÖPUL B)**
☐ **Antrag auf Haltung und Aufzucht gefährdeter Tierrassen**
☐ **Antrag auf Alpungsprämie und Behirtungszuschlag** *)

*) gilt nur, wenn die entsprechenden Formblätter bis 15.7.1997 bei der Landwirtschaftskammer vorgelegt werden.

V 95, V96: Für diese Maßnahme wurde 1995 bzw. 1996 eine 5jährige Verpflichtung eingegangen. Wenn Sie diese Verpflichtung weiter führen wollen, müssen Sie die Maßnahme wiederum ankreuzen, dies gilt als Auszahlungsansuchen. Wenn eine im Jahr 1995 bzw. 1996 beantragte Maßnahme nicht weitergeführt wird, so ist die dafür bereits ausbezahlte Prämie zurückzuzahlen. Bei Nichtankreuzen der Maßnahme kann für das laufende Jahr keine Auszahlung für diese Maßnahme getätigt werden.

[1] Unterschrift gilt auch für die einen integrierten Bestandteil des jeweiligen Antrages bildenden weiteren Unterlagen

Abbildung 6: Das 2. Blatt des MFA

Der Flächenbogen - Beilage F

Die Beilage F beschreibt die Flächengrundlage eines Betriebes. Weil bei der Auszahlung der Fördergelder die Fläche maßgeblich ist, sind genaue Unterlagen über die Wirtschaftsflächen notwendig. In der Beilage F werden alle Feldstücke eines Förderungswerbers aufgelistet, die er bewirtschaftet:

- *Das Feldstück ist in der Natur als Einheit erkennbar und stellt die tatsächliche Bewirtschaftungseinheit dar;*
- *jedes Feldstück trägt eine Nummer und eine Feldstücksbezeichnung.*
- *Es wird seine Zusammensetzung aus Grundstücken (Parzellen) laut Kataster angegeben und die Katasterfläche. Grundstücke sind die Grundstückseinheiten laut Grundstücksdatenbank des Bundesvermessungsdienstes. Jedes Grundstück ist einer Katastralgemeinde zugeordnet und ist mit der Katastralgemeinde und der Grundstücksnummer österreichweit eindeutig gekennzeichnet.*
- *Im Flächenbogen sind die Grundstücksanteile an einem Feldstück ausgewiesen. Darunter versteht man den Flächenanteil eines Grundstückes, der zu einem Feldstück gehört.*

In der AMA- Zusendung wird dem Förderungswerber der Letztstand seiner Flächenbogenangaben aus dem Vorjahr vorgedruckt. Diese Angaben sind zu überprüfen und auf die aktuelle Nutzungs- und Feldstückssituation anzupassen.

FLÄCHENNUTZUNG 1997 BLATT: 1 von 1 BBK: 2283 KIRCHSCHLAG

0108366
BETRIEBSNUMMER

MUSTER SEPP
ANTRAGSTELLER: ZUNAME, VORNAME

2860 KIRCHSCHLAG, AIGEN 65
BETRIEBSANSCHRIFT: PLZ, ORT, STRASSE

BETRIEBSSTÄTTEN-NR.

Feldstück (lt. Beilage F)			Schlag					A, F N, T GD GI MF 1)	ÖPUL - Code	P B 2)
Nr.	Bezeichnung	Nutzungsart	Nutzung bzw. Kultur	Sorte bei Raps, Sonnenblume u. Öllein (Konsum u. Industrie)	voraussichtl. Ertrag bei Konsum- u. Industrieraps in kg/ha	Fläche ha	Fläche a		Kategorie der Neuaufforstung oder Kategorie der Pflege der Neuaufforstung	
Übertrag (ab 2. Blatt)										
1	~~SPITZACKER~~	~~A~~					~~58~~			
2	HINTAUS	A	*WINTERRAPS*	*SYNERGY*		1	00	*A*	V4	
			SOMMERGERSTE			1	~~21~~ *71*	*A*		
4	HAUSWIESE	G	MEHRMÄHDIGE WIESE				*55*	F	WF (4.000)	
5	GEMÜSEACKER	S	GEMÜSE UNTER GLAS BZW FOLIE				35	*N*	V6	
~~6~~	~~WIESENACKER~~	~~AN~~					~~66~~			
7	OBSTGARTEN	S	*TAFELÄPFEL*				70			
8	LANGE RIED	A	*SOMMERGERSTE*			8	~~37~~ *00*	*A*	V1, *EG*	
			SOMMERGERSTE				*37*	*GI*	*V1, EG*	
9	*SPITZACKER*	*A*	*ACKERBOHNE*			*1*	*10*	*A*		
6	*WIESENACKER*	*AN*	*ROGGEN*				*33*	*N*		
		AN	*SPEISEKARTOFFEL*				*33*	*A*		
SUMME						~~12~~ 14	~~17~~			

1) **A**-Antrag Ausgleichszahlung, **F**-Futterfläche, **N**-nicht ausgleichsfähig, **T**-Trockenfutterbeihilfe, **GD**-Garantierte Dauerbrache (nur wenn bereits '95 beantragt), **GI**-Grundinanspruchnahme im öffentlichen Interesse, **MF**-Futterfläche für Mutterschafe

2) Ein mit "x" gekennzeichneter Schlag wurde im Zuge einer Vorort-Kontrolle beanstandet.

Abbildung 7: Das Beispiel eines MFA-Flächenbogens

Die Flächennutzungsliste

Die Flächennutzungsliste ist die schriftliche Darstellung des Anbauplanes. Hier erfolgen die schlagbezogenen Nutzungsangaben über die gesamte landwirtschaftliche Nutzfläche eines Betriebes. Die Flächennutzungsliste nimmt folgende Angaben auf:

- *Feldstücksnummer und Feldstücksbezeichnung;*
- *Nutzungsart;*
- *die schlagbezogene Nutzung und zwar beschrieben mit gültigen, normierten Nutzungsbezeichnungen;*
- *bei bestimmen Kulturen Sortenangaben;*
- *die Schlaggröße;*
- *Kurzbezeichnungen/Codes zur Ausgleichszulagenfähigkeit eines Schlages und für die Umweltmaßnahmen.*

Beilage F: FLÄCHENBOGEN 1997 BLATT: 1 von 2 BBK: 2283 KIRCHSCHLAG

0108366
BETRIEBSNUMMER

MUSTER SEPP
ANTRAGSTELLER: ZUNAME, VORNAME

2860 KIRCHSCHLAG, AIGEN 65
BETRIEBSANSCHRIFT: PLZ, ORT, STRASSE

BETRIEBSSTÄTTEN -NR.

Feldstück (ist eine abgrenzbare Bewirtschaftungseinheit)			Grundstück			Gesamtfläche des Grundstückes lt. Grundstücksdatenbank (Kataster)			Grundstücksanteil am Feldstück Tatsächlich genutzte Fläche			Rechtsverhältnis	DV*
Lfd. Nr.	Bezeichnung	Nutzungsart 1)	KG-Nr.	Katastralgemeinde - Name	Grundstücks-Nr.	ha	a	m2	ha	a	m2	E/P/N/K	
1	SPITZACKER	A	2602	KLEEDORF	526/1	1	13	27		58	20	E	
				SUMME						58	20		
2	HINTAUS	A	15026	LANZENDORF	23	2	21	38	2	21	38	P	
				SUMME					2	21	38		
4	HAUSWIESE	G	15026	LANZENDORF	200		16	16		15	00	N	
			15026	LANZENDORF	201/1		40	70		40	70		- 30
				SUMME						55	70		
5	GEMÜSEACKER	S	15026	LANZENDORF	917/5		78	12		35	01	E	
				SUMME						35	01	E	
6	WIESENACKER	AN	15026	LANZENDORF	705		66	00		66	00	E	
				SUMME						66	00		
9	SPITZACKER	A	2602	KLEEDORF	2127	1	10	05	1	10	05	E, K	
				SUMME					1	10	05		
2	HINTAUS	A	15026	LANZENDORF	23	2	21	38	2	21	38	P	
			15026	LANZENDORF	24	1	11	09		50	00	P	
				SUMME					2	71	38		

1)A-Acker, G-Grünland, S-Spezialkulturen, WI-Weingartenflächen im Ertrag inkl. Junganlagen und Schnittweingärten, WA-andere Weingartenflächen, AN-Acker-nicht KPA ausgleichsfähig, NF-sonstige Nutzfläche
*Datenverarbeitungsstatus in Bezug auf Grundstücksdatenbank - Fehlercode

Abbildung 8: Die Flächennutzungsliste des Mehrfachantrages

Tierliste

Viehhaltende Betriebe fügen dem Mehrfachantrag eine Tierliste an. Sie dient der Berechnung der förderbaren GVE bei der Ausgleichszulage für benachteiligte Gebiete und für die Besatzdichte (GVE/ha LN) im Umweltprogramm.

Die Antragstermine einhalten

Die flächen- und tierbezogenen Förderungen sind Jahr für Jahr neu zu beantragen. Dabei gibt es Antragszeiträume und Fristen, die nicht versäumt werden dürfen. So mancher Landwirt stand schon ohne Förderung da, weil er den Antragstermin versäumte. Es gibt zwar Nachfristen, die man aber besser nicht nutzt, weil jeder Verspätungstag zu einer Förderungskürzung führt.

Abbildung 9: Die wichtigsten Antragszeiträume

Die wichtigsten Antragszeiträume

Antragsart	grob im Bereich der Monate...														
	1	2	3	4	5	6	7	8	9	10	11	12	1	2	3
Mutterschafe															
Sonderpräm. männl. Rinder															
Mehrfachantrag															
Mutterkühe															
degr. Zuchtsauen															
Almauftriebsliste															
Fruchtfolgestabilsierung															
Förderungsauszahlungen															

Damit verlassen wir den INVEKOS-Bereich der Förderungen und wenden uns dem Fördersystem der Strukturförderung zu.

DIE STRUKTURFÖRDERUNGEN

Strukturförderungen sind jene Förderungsangebote, die der Verbesserung struktureller Voraussetzungen dienen.

Einzelbetriebliche Investitionsförderung

Die Förderung von einzelbetrieblichen Investitionen hat es schon vor dem EU-Beitritt gegeben. Unter EU-Bedingungen wurde die Investitionsförderung weiterentwickelt:

- *Durch die Mitfinanzierung der EU;*
- *durch neue Zugangsvoraussetzungen und Förderbedingungen, die die EU vor allem mit der sogenannten Effizienzverordnung vorgibt;*
- *durch neue Förderschwerpunkte in Richtung Marktnischen und Entwicklungsfähigkeit der Betriebe;*
- *aber auch durch geänderte Zugangsvoraussetzungen für die Förderbarkeit von Vorhaben durch Einkommens- oder Marktbegrenzungen.*

In der EU ist die einzelbetriebliche Investitionsförderung als spezielles Förderungsangebot zur Weiterentwicklung der Einzelbetriebe gedacht. Dieses Förderungspaket wird in Österreich in zwei Programmteilen angeboten:

- **Dem kofinanzierten Programmteil:** *Es wird von EU und Österreich gemeinschaftlich finanziert. Die Zugangsvoraussetzungen werden von der sogenannten Effizienzverordnung der EU abgeleitet.*
- **Dem nationalen Programm:** *Dieses wird nur vom Bund und von den Bundesländern finanziert.*

Die zusammengefaßte Richtliniengrundlage ist die österreichische Sonderrichtlinie zur Förderung von landwirtschaftlichen Investitionen
Für den Einzellandwirt sind die Fördergegenstände besonders interessant. Einen groben Überblick über die förderbaren Investitionsbereiche und ihre Programmzuordnung vermittelt die nachfolgende Tabelle.

Tabelle 20: Fördergegenstände des Investitionsförderungsprogrammes

<table>
<tr><th colspan="2">Die Fördergegenstände des Investitionsförderungsprogrammes</th></tr>
<tr><th>kofinanziertes Programm</th><th>nationales Programm</th></tr>
<tr><td colspan="2">Wirtschaftsgebäude, Anlagen und Bauten</td></tr>
<tr><td colspan="2">Funktions- und Wirtschaftsräume</td></tr>
<tr><td colspan="2">Neu- Zu-, Um- und Ausbau von Almgebäuden, Einrichtungen</td></tr>
<tr><td colspan="2">Bau von Gästezimmern und Ferienwohnungen</td></tr>
<tr><td colspan="2">Ausstattungsinvestitionen für die Gästebeherbergung
Ausstattung von Arbeitsräumen für Zuerwerb
Buschenschankeinrichtungen
Direktvermarktungsräume mit technischer und maschineller Einrichtung</td></tr>
<tr><td colspan="2">regionale und sektorale Marktnischen
rationellere, umweltgerechtere Produktionverfahren</td></tr>
<tr><td colspan="2">Zucht- und Erzeugerungsanlagen für die Bienenhaltung</td></tr>
<tr><td colspan="2">Maschinen, technische Anlagen für die Innenwirtschaft
Bergbauernspezialmaschinen</td></tr>
<tr><td colspan="2">Gartenbau:
Gewächshäuser und Folientunnel
Enrichtungen für die Speisepilzproduktion
Energieeinsparung in Gewächshäuser sowie Heizungsverbesserung
Beragung und Bewässerung</td></tr>
<tr><td colspan="2">Obstbau: Anlage von Intensivobstgärten und Obstgärten
für die Produktion von Verarbeitungsobst
Hagelschutznetze
Beregungs- und Bewässerungsanlagen
Erneuerungspflanzungen bei Äpfel, Birnen, Pfirsichen und Zwetschken</td></tr>
<tr><td colspan="2">Be- und Verarbeitung sowie Vermarktung landwirtschaftlicher Produkte</td></tr>
<tr><td>Beihilfe für die 1. Niederlassung</td><td>Sonderförderungen Schweine/Geflügel</td></tr>
<tr><td>Gemeinschaftsmaßnahmen im Almgebiet</td><td>Innovationsförderung für Gemeinschaften</td></tr>
<tr><td>Sektorplanförderung</td><td>Grundankaufsförderung</td></tr>
<tr><td>´Investitionen nach dem Fischstrukturplan</td><td>Verkehrserschließung</td></tr>
<tr><td></td><td>Qualitätsverbesserung Tierhaltung</td></tr>
<tr><td></td><td>Energie aus Biomasse</td></tr>
<tr><td></td><td>Qualitätsverbesserung Pflanzenbau,
Pflanzenschautz, Saatgutwirtschaft</td></tr>
<tr><td></td><td>Gemeinschaftsvorhaben in Verarbeitung
und Vermarktung</td></tr>
</table>

Daraus ist ersichtlich, daß in beiden Programmteilen vor allem bauliche und technische Maßnahmen gefördert werden. Im kofinanzierten Programmteil findet man darüber hinaus als besondere Gegenstandsbereiche:

- Die Niederlassungsprämie oder Jungunternehmerförderung;
- spezielle Maßnahmen für gemeinschaftliche Vorhaben im Alm- oder benachteiligten Gebiet;
- Maßnahmen zur Verbesserung der Marktstruktur (Sektorplanförderung);
- Investitionsmaßnahmen in der Fischwirtschaft (Fischstrukturplan).

Im nationalen Programmteil gibt es:

- Die Innovationsförderung für Gemeinschaftsvorhaben;
- die Grundankaufsförderung;
- die Förderung der Verkehrserschließung;
- den Förderansatz Energie aus Biomasse;
- und das sogenannte Sonderförderungsprogramm für Schweine und Geflügel.

Die Zugangsvoraussetzungen

Es müssen allgemeine Zugangsvoraussetzungen zutreffen, die sowohl im nationalen als auch im kofinazierten Teil des Investitionsförderungsprogrammes erfüllt werden müssen. Solche sind in der nachfolgenden Tabelle über beide Spalten geschrieben. Wenn die jeweilige Zugangsvoraussetzung nur im nationalen oder nur im kofinanzierten Programmteil erfüllt werden muß, ist nur die bezughabende Programmspalte ausgefüllt.

Tabelle 21: Die wichtigsten Zugangsvoraussetzungen zur Investitionsförderung

Die Zugangsvoraussetzung zur Investitionsförderung	
kofinanziertes Programm	**nationales Programm**
mindestens 3 ha LN oder 2 GVE (außer Sonderkulturen, Bienen oder Fische)	
außerlandw. Einkommen des Ehepartners < 1,4 des Referenzeinkommens = 550.000 S	
Arbeitseinkommen je Voll-AK < 472.000 S *)	Erwerbseinkommen d. Betriebsleiters < 472.000 S*)
Betriebsleiter bei SVB pensionsversichert	
Gesamteinkommen des Betriebsleiters überwiegend aus dem Betrieb	
mindestens 25 % des Gesamteinkommens aus lw. Tätigkeit	
Betriebsleiter arbeitet weniger als 50 % der Gesamtarbeitszeit außerhalb des Betriebes	
Facharbeiterprüfung oder 5 Jahre Berufserfahrung	
Betriebsverbesserungsplan mit entsprechendem Ergebnis	

*) Wie aus der obigen Übersicht erkennbar, ist das sogenannte Referenzeinkommen eine wichtige Größe bei den Zugangsvoraussetzungen zur Investitionsförderung. Als Referenzeinkommen wird das durchschnittliche Bruttojahreseinkommen des Industriebeschäftigten herangezogen. Es beträgt 1997 393.000 S. Das 1,2-fache macht 472.000 S, das 1,4-fache 550.000 S aus.

Der Betriebsverbesserungsplan

Eine wichtige Voraussetzung für die Förderung nach dem kofinanzierten Programm ist der sogenannte Betriebsverbesserungsplan. Dieser Betriebsverbesserungsplan enthält:

- Eine Beschreibung der betrieblichen Ausgangssituation;
- und im Vergleich dazu jene nach Durchführung der geplanten Investitionen;
- die Angabe und Beschreibung der Maßnahmen zur Verbesserung der Betriebssituation.

Über diesen Betriebsverbesserungsplan ist nachzuweisen, daß die geplante und zu fördernde Investition gerechtfertigt ist und die betriebliche Situation, insbesonder das Arbeitseinkommen des Bewirtschafters dauerhaft verbessert.

Diese Betriebsverbesserungspläne werden zumeist über den Beratungsdienst bzw. der jeweiligen Förderstelle mit Hilfe eines EDV-Programmes erarbeitet und den Förderanträgen beigefügt.
Damit ein Betriebsverbesserungsplan erstellt werden kann sind folgende Informationen notwendig, sie sollten im Förderungsfall vom Antragsteller vorbereitet werden:

- *Besitzverhältnisse und Kulturartenverteilung laut dem letzten Mehrfachantrag;*
- *Viehstand nach der Tierliste des letzten Mehrfachantrages;*
- *Kostenvoranschläge für die geplanten Investitionsvorhaben;*
- *eine Aufstellung über bestehende Verbindlichkeiten;*
- *Angaben über das derzeitige und das geplante Produktionsprogramm;*
- *die jährlichen Ausgaben für familienfremde Arbeitskräfte, Steuern, Versicherungen, Pachten, allgemeine Wirtschaftskosten sowie Sozialversicherung und private Verpflichtungen;*
- *außerbetriebliche Einkommen.*

Diese Informationen sollte jeder Landwirt nicht nur im Investitionsförderungsfall sondern immer als Grundlage für die Betriebsführung verfügbar halten.

Wie und wie hoch wird gefördert ?

Im Investitionsförderungsprogramm wird in Form von Beihilfen und Zinsenzuschüssen gefördert. Die Art und Höhe der Förderung soll der nachfolgenden Übersicht vereinfacht und in Form eines zusammenfassenden Überblicks dargestellt werden:

Tabelle 22: Art, Höhe, Kostenvoraussetzungen in der Investitionsförderung

Kostengrenzen

mindestens	50.000 S
max. innerhalb 6 Jahre pro Vollarbeitskraft	1.200.000 S
max. innerhalb 6 Jahre pro Betrieb	2.400.000 S

Förderungsintensität = Förderobergrenze in % der Kosten Beihilfe und Barwert eines allfälligen AIK-Zinsenzuschusses zusammengerechnet

Prozentsatz allgemein			Prozentsatz Hofübernehmer		
45%	Programmgebiet	Immobilien	56%	Programmgebiet	Immobilien
30%		sonstige Invest.	37%		sonstige Invest.
35%	sonst. Gebiet	Immobilien	43%	sonst. Gebiet	Immobilien
20%		sonst Invest.	25%		sonst Invest.

Zinsenzuschuß bei AIK in % des Bruttozinssatzes

Prozentsatz allgemein			Prozentsatz Hofübernehmer		
			75%	Programmgebiet,	alle Investitionen
50%	Programmgebiet	alle Investitionen	50%	sonst.Gebiete	alle Investitionen
	sonst.Gebiete	Alminvestitionen			
		Marktnischen			
		Gartenbauinvest.			
		Erneuer. Obst.			
		Biomasseinvest.			
		innovative Proj.			
36%	sonst.Gebiete	sonstige Invest.			

Beihilfenhöhe in Prozent der Kosten

Prozentsatz allgemein			Prozentsatz Hofübernehmer		
25%	Programmgebiet	tierfreundl. Haltung	30%	Programmgebiet	tierfreundl. Haltung
	sonstige Gebiete	Marktnischen		sonstige Gebiete	Marktnischen
		Gartenbau			Gartenbau
		Erneuerung Obst			Erneuerung Obst
		Verarb./Vermarktung			Verarb./Vermarktg
15%	Programmgebiet	sonstige Invest.	20%	Programmgebiet	sonst. Invest.
	sonstige Gebiete	tierfreundl. Haltung		sonstige Gebiete	tierfreundl. Haltung
		Anlage Obst			Anlage Obst
10%	sonstige Gebiete	sonstige Invest.	13%	sonstige Gebiete	sonstige Invest.

In der Investitionsförderung ist der Begriff der förderbaren Gesamtkosten wichtig. Das sind jene Kosten, die dem Projekt zuzurechnen sind und nachgewiesen werden:

- *Entweder in Form von Rechnungen (ohne Mehrwertsteuer);*
- *oder als Eigenleistungen, die durch Aufzeichnungen glaubhaft gemacht werden können.*

Die anerkennbaren Gesamtkosten:

- *Müssen mindestens 50.000 S ausmachen*
- *und werden nur bis zu einer Förderobergrenze von 1,2 Mio. S/Vollarbeitskraft Arbeitsbedarf des Betriebes innerhalb eines 6-Jahreszeitraumes anerkannt.*
- *Pro Betrieb gibt es bei einem Arbeitsbedarf von 2 und mehr Vollarbeitskräften die absolute Grenze von 2,4 Mio. S.*

Als nächste Förderungsbegrenzung wirkt in der Investitionsförderung den sogenannte Förderungsintensität. Darunter wird zusammengerechnet der Anteil von Förderungszuschuß und Barwert eines allfälligen Zinsenzuschusses (zu einem AIK) an den anerkennbaren Kosten verstanden. Dazu ein Beispiel:

- *Die förderbaren Gesamtkosten eines Projekts machen 1,2 Mio. S aus.*
- *Die Förderintensitätsgrenze liegt beispielsweise bei 30 %, das sind absolut 360.000 S.*
- *Für das Projekt sind unter bestimmten Annahmen 15 % Investitionszuschuß möglich. Das sind absolut 180.000 S.*
- *360.000 S absolute Förderintensitätsgrenze abzüglich 180.000 S Investitionszuschuß ergeben noch 180.000 S für den Barwert eines allfälligen ergänzenden Zinsenzuschuß zu einem AIK.*
- *Diesem Barwert entspricht beispielsweise ein AIK von 1 Million S mit einer Laufzeit von 10 Jahren (bei 50 % Zinsenzuschuß zum Bruttozinssatz von 7,75 %).*

Als Förderungsart können grundsätzlich gewährt werden:

- *Investitionszuschüsse;*
- *Zinsenzuschüsse zu Agrarinvestitionskrediten (AIK);*
- *Kombinationen beider Förderarten.*

Beim **Zinsenzuschuß** zu einem Agrarinvestitionskredit (AIK) besteht die Förderung aus einem Zuschuß zur Minderung der Zinsbelastung. Die Höhe des Zinsenzuschusses wird nach Programmgebieten, Art des Förderungswerbers und Fördergegenstand differenziert und in den Richtlinien als Prozentsatz des sogenannten Bruttozinssatzes angegeben. Der Bruttozinssatz wird von einem im Kreditwesen gebräuchlichen Leitzinssatz, der Sekundärmarktrendite abgeleitet. Wenn man vom Bruttozinssatz den Zinsenzuschuß abzieht kommt man zur Nettoverzinsung für den Förderungswerber.
Die zweite Förderform ist die Beihilfe oder der **Zuschuß**. Hier geben die Richtlinien als Obergrenzen wiederum differente Prozentsätze je nach Förderungswerber, Programmgebieten und Fördergegenständen vor. Beispielsweise können Hofübernehmer im Programmgebiet für bauliche Investitionen in tierfreundliche Haltungsformen nach dem Bundesrichtlinienstand Beihilfen bis zu 37 % der anerkennbaren Kosten bekommen. Hofübernehmer werden in der Investitionsförderung überhaupt bevorzugt gefördert. Als Hofübernehmer gelten Landwirte bis zum vierzigsten Lebensjahr, die den Betrieb im Erbwege oder mit Übergabevertrag oder durch Kauf zur Gänze innerhalb der letzten 5 Jahre ab dem Zeitpunkt der Antragstellung übernommen haben.
In der Investitionsförderung gibt es verschiedene Förderungsabwicklungsstellen (bei manchen Maßnahmen das BMLF, bei anderen die Ämter der Landesregierungen oder die Landwirtschaftskammern. Wo die Ansuchen einzureichen sind, ist bundesländerspezifisch verschieden. Genauere Informationen geben die Landwirtschafskammern.

HOFÜBERNEHMERFÖRDERUNG – NIEDERLASSUNGSPRÄMIE

Nach EU-Regeln gibt es als besonderes Förderangebot für die Jungbauern die Hofübernehmerförderung oder Niederlassungsprämie. Über diese Förderung soll den Jungbauern die Hofübernahme (erste Niederlassung) erleichtert werden.
Als förderbarer Hofübernehmer oder Jungunternehmer gelten:

- *Bewirtschafter, die zum Zeitpunkt der Antragstellung unter 40 Jahre alt sind;*
- *die den Betrieb des Vorbesitzers im Erbweg, Übergabevertrag oder langjährigen Pacht zur Gänze übernommen haben;*
- *die eine ausreichende berufliche Qualifikation über zumindest eine Facharbeiterprüfung nachweisen;*
- *deren Hofübernahme höchsten 5 Jahre zurückliegt (aber nicht vor dem 1.1.1993)*
- *und die Investitionen im Wirtschaftsteil des Betriebes in der Höhe von 200.000 S nachweisen können;*
- *deren Erwerbseinkommen unter 472.000 S und das außerlandwirtschaftliche Einkommen des Ehepartners unter 550.000 S;*
- *die bei der Sozialversicherungsanstalt der Bauern PV-versichert sind*
- *und deren Betrieb einen Arbeitskräftebedarf von mindestens einer Voll-Arbeitskraft erfordert.*

Sind diese Zugangsvoraussetzungen erfüllt bekommt der Förderungswerber **125.000 S Niederlassungsprämie**.

SEKTORPLANFÖRDERUNG

Dieses Förderungsangebot ist zwar nicht an die bäuerlichen Einzelbetriebe adressiert. Es soll aber der Vollständigkeit halber beschrieben werden, weil es als strukturverbessernde Maßnahme indirekt jedem Landwirt als Beitrag zu einer leistungsfähigen Verarbeitung und Vermarktung dient.
Die Sektorplanförderung wird von der EU und vom Nationalstaat gemeinsam finanziert und nach Richtlinienvorgaben der EU angeboten.
Das Ziel ist die Verbesserung der Verarbeitungs- und Vermarktungsbedingungen für landwirtschaftliche Erzeugnisse. Gefördert werden Investitionen von Unternehmen aus der agrarischen Be- und Verarbeitung sowie Vermarktung.
Von den förderbaren Gesamtkosten können **bis zu 25 % als Beihilfe** gewährt werden, wenn die Vorhaben in eine der nachfolgenden Richtungen wirken:

- *Der Erzeugung neuartiger und hochwertiger Produkte;*
- *der Einführung neuer, umweltfreundlicher Technologien;*
- *der bessere Nutzung von Nebenerzeugnissen;*
- *der Verbesserung der Qualität, Aufmachung und Verpackung der Erzeugnisse;*
- *der Rationalisierung der Verarbeitung und der Vermarktungswege;*
- *oder der Ausrichtung der Erzeugung auf künftige Märkte.*

FÖRDERUNG DER ERZEUGERGEMEINSCHAFTEN

Die Förderung von Erzeugergemeinschaften nach EU-Regeln dient der Vereinheitlichung des Angebotes und stärkt die Wettbewerbsfähigkeit der Landwirtschaft als Partner von Verarbeitung und Handel.
Gefördert wird die Gründung und die Verwaltung der Erzeugergemeinschaften über Zuschüsse zu den Anlaufkosten einer solchen Organisation. Für die Förderung von Erzeugergemeinschaften gibt es bestimmte Zugangsvoraussetzungen, (Mindestgrößen, Grundausrichtung, Zweck, Strukturvorgaben). Die Förderstelle ist das Bundesministerium für Land- und Forstwirtschaft.

DIE REGIONALFÖRDERUNG

Es ist das erklärte Ziel der EU, benachteiligte Regionen und Wirtschaftssektoren leistungsfähiger zu machen. Die Regionalpolitik ist für die Gemeinschaft ein wichtiger Teil der Wirtschaftspolitik und damit auch der Agrarpolitik.
Die Zielsetzungen dieser Politik sind in einem Zielkatalog wie folgt formuliert:

Tabelle 23: Ziele der EU Regionalpolitik

Ziele der EU- Regionalpolitik	
Zielnummer	Inhalt
Ziel 1	Wirtschaftliche Anpassung der Regionen mit Entwicklungsrückstand
Ziel 2	Wirtschaftliche Umstellung der Gebiete mit rückläufiger industrieller Entwicklung
Ziel 3	Bekämpfung der Langzeitarbeitslosigkeit, berufliche Eingliederung der Jugendlichen und Einbeziehung der von der Ausgrenzung aus dem Arbeitsmarkt bedrohten Personen
Ziel 4	Anpassung der Arbeitnehmer an den Wandel der Industrie und der Produktionssysteme durch vorbeugende Maßnahmen der Arbeitslosigkeit.
Ziel 5a	Beschleunigte Anpassung der Verarbeitungs- und Vermarktungsstrukturen für Erzeugnisse der Landwirtschaft und Fischerei im Rahmen der Reform der GAP.
Ziel 5b	Entwicklung und strukturelle Anpassung des ländlichen Raumes
Ziel 6	Arktische Regionen

Das Ziel 5b ist für die Landwirtschaft besonders wichtig

Es zielt auf die Förderung der Entwicklung des ländlichen Raumes, auf die Erleichterung der Strukturanpassung der ländlichen Gebiete ab. Es geht um die Diversifizierung, Neuausrichtung und Anpassung des Agrarbereiches zur Entwicklung der ländlichen Räume. Die davon abgeleiteten Förderprogramme sind nach folgenden Prinzipien aufgebaut und angeboten:

- *Die Förderung ist nur in sogenannten 5b-Gebieten möglich.*
- *Kriterien für die Abgrenzung von 5b-Gebieten sind hohe Agrarquote, niedriges Einkommensniveau in der Landwirtschaft, geringere Bevölkerungsdichte bzw. eine starke Tendenz zur Abwanderung. In Österreich liegen 1300 Gemeinden, mit 30 % der Gesamtbevölkerung in 5b-Gebieten. Das sind mehr als 60 % der österreichischen Katasterfläche. Rund 60 % der landwirtschaftlichen Betriebe Österreichs liegen in 5b-Gebieten.*
- *Die Förderung kann nur im Rahmen von Gemeinschaftsprojekten erfolgen.*
- *Es sind möglichst innovative Projekte zu entwickeln und zu fördern.*
- *Es werden keine Projekte der landwirtschaftlichen Urproduktion über diese Förderschiene gefördert*

Das Entscheidende an der 5b-Förderung ist der gemeinschaftliche Ansatz im Rahmen von Projekten. Nicht Einzelinitiativen sondern Projekte der Landwirtschaft und auch nichtlandwirtschaftlicher Sektoren des ländlichen Raumes werden gefördert.
Bei 5b- Maßnahmen können sich Bauern, die Gastronomie, Beherbergungsbetriebe, Schulen sowie kulturelle Einrichtungen zu Projektträgerschaften formieren. Die förderbaren Vorhaben reichen von der Erzeugung regionstypischer Erzeugnisse bis zu Marketingkonzepten oder Vorhaben der Höherqualifikation der Beteiligten. Als besonders wichtiges Instrument der 5b-Förderung ist die projektorientiere Planung und Umsetzung zu nennen.
Welche Maßnahmen können vereinfacht gefördert werden (hier gibt es bundesländerspezifische Umsetzungen):

- *Die Umstellung, Diversifizierung, Neuausrichtung und Anpassung der landwirtschaftlichen Produktion;*
- *die Erzeugung nachwachsender Rohstoffe;*
- *die Absatzförderung für hochwertige lokale und regionale Erzeugnisse;*
- *die Verbesserung der ländlichen Infrastruktur;*
- *Diversifizierungsmaßnahmen im außerlandwirtschaftlichen Bereich, die der bäuerlichen Bevölkerung neue Erwerbspotentiale erschließen sollen;*

- *die Dorferneuerung;*
- *die Flurbereinigung;*
- *der Fremdenverkehr und das Handwerk*
- *die Entwicklung und Aufwertung des Waldes;*
- *Landschaftspflegevorhaben;*
- *die Beratung und Höherqualifikation.*

Die Förderung erfolgt mit Beihilfen. Als Fördersätze sind möglich:

- *30 % der anrechenbaren Kosten für die Maßnahmen der Einzelbetriebe, die sich an den Projekten beteiligen;*
- *50 % der anrechenbaren Kosten für den Gemeinschaftsteil eines Vorhabens.*

Projekte für die 5b-Förderung sollen möglichst frühzeitig (also schon in der Ideenphase) mit den zuständigen Förderstellen besprochen werden. Diese sind entweder die Landwirtschaftskammern oder die Ämter der Landesregierungen.

LEADERPROJEKTE

Als besondere Form der sogenannten Integralförderung gibt es die Förderung von „Leaderprojekten". Darunter versteht man die kofinanzierte Förderung von Vorhaben zur Erprobung von neuen Initiativen:

- *Die vor Ort entwickelt wurden;*
- *vorhandene Potentiale nutzen;*
- *Neuerungen für die ländliche Entwicklung darstellen.*

FORSTFÖRDERUNGEN

Als ergänzende Maßnahme zu den agrischen Förderung gibt es auch spezielle forstliche Förderungsangebote. Ziel dieser Förderungen ist es, die Forstwirtschaft in ihren Wohlfahrtswirkungen zu fördern und auch landwirtschaftliche Flächen aus der agrarischen Produktion zu nehmen. Es gibt zwei Maßnahmentypen:

- **Gemeinsam mit der EU-finanzierte auf den EU-Verordnungsgrundlagen 2080 und 2078,** *die vor allem auf die Aufforstung von bisher landwirtschaftlichen Flächen abzielen. Darüber hinaus werden Pflegemaßnahmen, Bestandesumwandlungen, der Bau von Forststraßen und Wasserentnahmestellen bezuschußt.*
- *Ergänzende* **nationale Maßnahmen***: Hier gibt es Förderungen für die Hochlagenaufforstung, die Sicherung des Schutzwaldes, die forstlichen Bringungsanlagen, den Forstschutz und Sanierung geschädigter Wälder.*

Kontaktstellen sind die Kammern, die Forstdienststellen der Ämter der Landesregierungen und die Forstsektion des BMLF.

ÜBERGANGSZAHLUNGEN

Lagerabwertungen

Lagerabwertungen sind eigentlich Förderungsgeschichte. Sie wurden im Übergang von 1994 auf 1995 als Ausgleich gewährt, weil die auf Lager liegenden Agrarprodukte von einem zum anderen Tag durch den EU-Beitritt weniger wert wurden. Diese Förderformen gibt es nicht mehr. Die Lagerabwertungen wurden für Stärke, Zucker, Milchprodukte, Obst und Gemüse, Geflügelfleisch und Wurstwaren bezahlt.

Degressive Ausgleichszahlungen

Beim Beitritt Österreichs, Schwedens und Finnlands zur EU wurde erstmals ein neues System des abgefederten Übergangs, die sogenannten Degressiven Ausgleichszahlungen für die Landwirtschaft der neuen Mitgliedsstaaten umgesetzt. Damit soll zeitlich abgestuft ein immer geringerer Ausgleich vom alten österreichischen auf das neue EU-Preisniveau gewährt werden.
Die Degressiven Ausgleichszahlungen sind in der Regel produktionsabhängig. Sie werden entweder flächen- oder tierbezogen gewährt und sind von EU und Nationalstaat gemeinsam finanziert. Den Namen degressive Ausgleichszahlungen bekamen sie wegen der abgestufen Höhe:

- *Im Beitrittsjahr 1995 werden 100 % des Ausgangswertes gewährt;*
- *im Jahr 1996 nur noch 65 % davon,*
- *im Jahr 1997 40 %;*
- *1198 15 % des Ausgangswertes*
- *und danach keine Degressive Ausgleichszahlung mehr.*

Degressive Ausgleichszahlungen gibt es bei Getreide, Eiweißpflanzen, Stilllegungsflächen, Milch, Obst, Gemüse, Hopfen, Saatgut, Kartoffel, Zuchtsauen, Mastschweine und Geflügel.

SCHLUSSWORT

Der EU-Beitritt ist für die heimische Landwirtschaft ein beachtlicher Bruch in der bisherigen Entwicklung. Seine Auswirkungen werden erst in den nächsten Jahren deutlich. Diese Umstellung kann als Problem oder als Herausforderung zur Entwicklung neuer, vielleicht unkonventioneller Problemlösungen gesehen werden.

Es gibt keine einfachen und für alle Haushalts- und Betriebssituationen passende Lösungen. Gesamtstrategien für eine konkrete Betriebs- und Haushaltssituationen sind zu entwickeln. Hier wird bewußt das Wort „Haushaltssituation" gewählt, weil unter bestimmten Umständen eine rein betriebliche Anpassung zu wenig ist.

Die Nutzung der Förderungsmöglichkeiten ist für die Einkommensbildung besonders wichtig. Jeder Landwirt ist gut beraten, sich trotz des bürokratischen Aufwandes genau und präzise mit den Förderungsanträgen und -möglichkeiten auseinanderzusetzen. Die dafür eingesetzte Zeit ist sehr gut entlohnt.

Wichtig ist auch der Kontakt zu den Förder- und Beratungsstellen. Die wichtigsten Träger der Beratungs- und Förderungsarbeit in Österreich werden im Anhang angeführt.

FÖRDER- UND BERATUNGSSTELLEN

Wer	Betriebs- und Haushaltsberataungberatung	Förderung: Kulturpflanzenausgleich	Förderung: Umweltförderung	Förderung: Ausgleichszahlung	Förderung: Tierprämien	Förderung: einzelbetriebliche Investitionsförderung	Förderung: Sektorplanförderung	Förderung: Erzeugergemeinschaften	Förderung: 5b- Regionalförderung
auf der Bezirksebene									
Bezirkskammern bzw. Bezirksaußenstellen der Landwirtschaftskammern	x	x	x	x	x	x			x
auf regionaler Ebene									
ILE-Stellen (Stellen für die Integrierte Ländliche Entwicklung)									x
auf der Landesebene- Kammern									
Burgenländische Landwirtschaftskammer, 7001 Eisenstadt, Esterhazystraße 15, Tel: 02682/702	x	x	x	x	x	x	x	x	x
Kammer für Land- und Forstwirtschaft in Kärnten, 9010 Klagenfurt, Museumgasse 5, Tel: 0463/850	x	x	x	x	x	x	x	x	x
Niederösterreichische Landes-Landwirtschaftskammer, Löwelstraße 16, Tel: 0222/53441	x	x	x	x	x	x	x	x	x
Landwirtschaftskammer für Oberösterreich, 4020 Linz, Auf der Gugl 3, Tel: 0732/6902	x	x	x	x	x	x	x	x	x
Kammer für Land- und Forstwirtschaft in Salzburg, 5024 Salzburg, Schwarzstraße 19, Tel: 0662/870571	x	x	x	x	x	x	x	x	x
Landeskammer für Land- und Forstwirtschaft in Steiermark, 8011 Graz, Hamerlinggasse 3, Tel: 0316/8050	x	x	x	x	x	x	x	x	x
Landeslandwirtschaftskammer für Tirol, 6021 Innsbruck, Brixner Straße 1, Tel: 0512/5929	x	x	x	x	x	x	x	x	x
Landwirtschaftskammer für Vorarlberg, 6901 Bregenz, Montfortstraße 9-11, Tel: 05574/42044	x	x	x	x	x	x	x	x	x
Wiener Landwirtschaftskammer, 1060 Wien, Gumpendorferstraße 15, Tel: 0222/5879528	x	x	x	x	x	x	x	x	x
auf der Landesebene- Ämter der Landesregierungen									
beraten, informieren je nach Bundesland verschieden in.......						x	x		x
auf der Bundesebene									
Bundesministerium für Land- und Forstwirtschaft, 1010 Wien, Stubenring 1, Tel: 0222/71100 in grundlegenden Fragen, Fragen der Richtlinien und agrar- und förderungspolitischen Vorgaben		x	x	x	x	x	x	x	x
Agrarmarkt Austria (AMA), 1201 Wien, Dresdner Straße 70, Tel: 0222/331 51		x	x	x	x				

ABBILDUNGEN

TABELLEN

LITERATURVERZEICHNIS

AMA - Agrarmarkt Austria: Merkblatt und Ausfüllanleitung zum Mehrfachantrag Flächen 1996

BMLF: Sonderrichtlinien zur Förderung von Investitionen in der Landwirtschaft, 1996

BMLF: Mein Betrieb und die EU.– In: Förderungsdienst Heft 2, Sonderausgabe Folge 4d/1994

BMLF: Mein Betrieb und die EU.– In: Förderungsdienst Heft 4, Sonderausgabe 2d/1995

Europäische Kommission - Vertretung Österreich: Gemeinsame Agrarpolitik der EU und die österreichische Landwirtschaft, Broschüre, 1995

Janetschek Hubert: Lohnt sich eine Betriebserweiterung durch Flächenzukauf oder Pacht?– In: Der Förderungsdienst/Beratungsservice, Heft 2/1996

Kopetz Heinz: Das erste EU-Jahr.– In: Landwirtschaftliche Mitteilungen, 1996

LBG: Paritätsspiegel

LWK Steiermark: Ausfüllanleitung zum Mehrfachantrag 1996, Ausgabe: 15.2.1996

LWK Steiermark: Arbeitsunterlage EU-Förderungen, 1995

Oberlehner Franz: Maschinenkosten senken – ein Weg zur Einkommenssicherung.– In: Beratungsunterlage der LWK OÖ, 1995

Pammer Josef: Der Betriebsverbesserungsplan.- In: Landwirtschaftliche Mitteilungen, 1995

Pahmeyer Ludwig/Reimann Josef: Mein Hof = ein Vermögen, 1995, Landwirtschaftsverlag, Münster-Hiltrup

Pickl Anton: Investitionsförderung 1995.– In: Landwirtschaftliche Mitteilungen, 1995

Pickl Anton: Einkommenskombination zur Existenzssicherung bäuerlicher Familienbetriebe unter besonderer Berücksichtigung von klein- und mittelbäuerlichen Strukturen.– In: Tagungsbericht über die 31.IALB-Tagung in Graz, 1992

Puwein Wilfried: Arbeitskräfte in Österreichs Land- und Forstwirtschaft.– In: Monatsberichte des Österreichischen Instituts für Wirtschaftsforschung (WIFO), 9/1996

Schein Christian: Investitionsförderung 1995 – Voraussetzungen und Einschränkungen.– In: Landwirtschaftliche Mitteilungen, 1995

Schneider Matthias: In: Wifo 5/95, 1995

Steinhauser Hugo: Konsequenzen der EU-Agrarreform für Ackerbaubetriebe in Deutschland.– In: Vortragsmanuskript, 1994

Zach Heinz-Peter: Allgemeine pflanzenbauliche Deckungsbeitragsanalysen: In: Der Förderungsdienst 4/1996, BMLF

SACHREGISTER

DER AUTOR

Der Antor Dipl.Ing. Dr. Anton Pickl, Steirer, Jahrgang 1947 wuchs in der Landwirtschaft auf. Seine Eltern waren als Gutsverwalter bzw. Wirtschafterin auf einem obersteirischen Gutsbetrieb tätig. Er absolvierte die HBLA Raumberg und die Universität für Bodenkultur (Beendigung des Studiums 1973). Seine Doktorarbeit war dem agrarsozialen und betriebswirtschaftlichen Thema der „Berufs- und Einkommenskombination in der steirischen Landwirtschaft" gewidmet.

Beruflich leitet er in der Landwirtschaftskammer Steiermark die Abteilung Betriebswirtschaft und EDV. In dieser Tätigkeit ist er verantwortlich für die Koordination der INVEKOS-Förderungen, die einzelbetriebliche Investitionsförderung sowie die allgemeine, vorwiegend förderungsorientierte Betriebsberatung.